개의 인공수정

개의 인공수정

1판 1쇄_ 2010년 12월 03일

지은이_ 정덕수
발행인_ 윤예제
발행처_ (주)건강신문사

등록번호_ 제8-00181호
주소_ 서울 은평구 응암동 578-72번지
전화_ 02-305-6077(대표)
팩스_ 02-305-1436

값_ 10,000원
ISBN 978-89-6267-040-0 (13490)

* 잘못된 책은 바꾸어 드립니다.
* 이 책에 대한 판권은 (주)건강신문사에 있으며
  저작권은 저자와 (주)건강신문사에 있습니다. 허가없는 무단인용 및
  복제, 복사, 인터넷게재를 금하며 인지는 협의에 의해 생략합니다.

Dog's Artificial Insemination
개의 인공수정

미래생명과학연구소 소장
이학박사 **정덕수** 지음

건강신문사
www.kksm.co.kr

머리말
개 연구와
질적 향상에 도움 됐으면

 개는 역사적 자료에 따르면 적어도 1만 년 이상동안 인간과 더불어 살아왔다. 인간은 개에게 먹이와 안식처를 주었고 개는 인간에게 다가오는 위험을 알려주었다. 이렇게 인간과 개는 서로 의존하면서 공존하여왔고, 이해관계와 애정의 결속은 인간이 원하는 형질과 모양으로 개량하게 되었다.
 사람은 시간이 지나면서 번식에 더욱 관심을 기울여 다양한 품종을 만들어냈다. 가축화된 개는 결국 근연관계에 있는 다른 야생무리와 구별되는 형질을 갖추게 되었다. 그 결과 다루기 쉬운 개를 인위적으로 만들게 되었으리라는 추측이다.
 인간이 개를 가축화한 것은 소, 양, 염소 및 돼지 등과 마찬가지로 본래 식량으로 이용하기 위해서라는 주장도 있다.

역사적 자료를 고찰해보면 분명 개의 고기는 식용으로 이용되었다. 중국남부, 인도차이나, 중앙아메리카 및 아프리카 등에서는 오늘날에도 그런 관습이 남아있다. 지금 유럽 등에서는 그러한 식습관을 혐오스럽게 생각하고 있지만 먹고살기 힘들었던 시대에는 가끔 개를 잡아먹었다는 증거가 유럽에서도 발견되고 있다.

그러나 개의 고기를 먹는 습관은 개를 가축으로 사육하게 된 뒤에 생긴 것으로 보인다. 예컨대 그 지역이 식량부족에 처했을 때라든가 종교적 의식에서 제물로 삼는 등의 형태로 시작되었으리라 생각된다.

구미 선진국에서는 이미 오래전부터 애완견과 더불어 탐지견, 맹인안내견, 사냥견, 경주견 등 다양한 목적을 가지고 여러 형태로 우수견의 계통 번식과 생산 보급에 힘써왔다.

최근에는 개가 인간의 정서에 매우 다양하게 영향을 미친다는 사실이 알려지면서 다각적으로 연구가 시도되고 있다.

그러나 우리나라에서는 애견인구와 관련 사업은 외형적으로 많은 성장을 이루었으나 이에 상응하는 질적 향상은 더딘 발전을 보이고 있다.

따라서 개의 번식과 육종 분야의 질적 향상에 미력하지만 도움을 주고 개의 여러 분야에 종사하는 분들의 중요한 지침서가 되길 바라면서 이 책을 펴내게 되었다.

  아울러 이 책이 나오기까지 연구하는데 아낌없이 도움을 주신 스틸농원 우성준사장님, 무환농장 강병혁 사장님, 김해성 병리사님 및 (주)케이엠 관계자분들께 감사의 말씀을 드립니다.

저자 정덕수

추천사

황무지 같은 곳에서
알짜 곡식 수확해 내는 듯한 책

책이 얼마나 훌륭한가는 늘 독자가 판단할 몫이다.

책은 '독자의 마음으로 쓰는 것'이다. 책의 내용은 누군가에게 그 책을 읽게 하는 끈이 되기 때문에 독자의 입장에서 책에 대해 말해야 한다는 것이다.

이 책은 황무지와 같은 곳에서 알짜의 곡식을 수확해 내는 듯한 느낌을 준다. 우리나라에서는 개가 식용과 애완으로 공존하기 때문에 아직 괄목할만한 책이나 연구가 많이 없는 실정이기 때문이다.

전문서적은 독자에게 지식과 상식을 늘려주고 그것으로 하여금 보다 풍요로운 마음을 안겨주는데 그 목적이 있다고 생각을 하는데 이 책도 그러한 부류에 포함된다는 것이다. 저자는 이미 개의 번식생리학을 다룬 역서를 펴낸바 있어서 이 분야의 전문가라고 말할 수 있다.

    저자는 사람과 동물의 발생학을 두루 연구하고 현장에서 일을 하여 이론과 실제를 겸비한 사람이다. 또한 줄기세포로 박사학위를 받을 만큼 다양한 분야에 대한 연구도 게을리 하지 않는 학자이다. 일반적으로 관심을 보이지 않는 미지의 분야에 대해 자기의 소신을 굽히지 않고 자신의 길을 묵묵히 추구하는 아주 열정적인 사람이다.

    비록 작은 책이기는 하나 그 내용이 이 분야에서 일하는 사람들에게 한층더 지식을 일깨워 주길 바라고 해를 거듭해 갈수록 현장에서 얻어진 지식을 바탕으로 보다나은 내용의 보충으로 이 분야에서 지침서가 되길 바랍니다.

차의과학대학교 교수 · 약학박사 김진경

추천사

현장 경험 바탕으로
전문적인 내용 쉽게 집필

일반 교양서적과는 달리 전문서적은 일반인이 접하기 쉽지 않고 그 수도 극히 제한적이다. 최근들어 반려동물로 더욱 친밀해진 개의 경우 더더욱 그러하다. 시중에 또 한권의 책이 필요하다면 가장 적합하다고 추천한다.

이 책의 가장 큰 특징은 전문적인 내용(번식, 사양, 질병 등)을 저자가 수 십년간 연구한 지식과 현장에서의 경험을 바탕으로 누구나 이해하기 쉽게 집필하였다는 것이다.

애완견뿐만 아니라 특수견에 이르기까지 전반적인 내용을 총망라하여 개를 사육하는 농가나 가정에서는 교양서적으로 충분한 가치가 있다고 판단된다.

일반 독자들 역시 많은 기본적인 지식과 경험을 쌓을 수 있는 훌륭한 교과서로도 손색이 없다고 할 수 있다.

앞으로 더욱 많은 내용을 보완하며 발전해나가시길 바랍니다.

마리나병원 연구소장 · 농학박사 이상민

CONTENTS

머리말 · 4
추천사 · 7

1_인공수정의 역사　　　　　　　　　　　　13
2_우리나라 인공수정의 역사　　　　　　　　16
3_개의 인공수정　　　　　　　　　　　　　18
4_개동결 정액의 이점　　　　　　　　　　　20
5_암캐의 성성숙　　　　　　　　　　　　　22
6_개의 발정주기　　　　　　　　　　　　　24
7_개의 배란일 측정　　　　　　　　　　　　27
8_개의 질 세포학　　　　　　　　　　　　　35
9_개의 발정주기에 따른 현상　　　　　　　　43
10_개의 질 도말 준비를 위한 기술　　　　　　63
11_개의 질 상피세포의 설명 및 사진　　　　　68
12_개의 발정주기를 통한 세포의 변화　　　　76
13_개의 정액채취　　　　　　　　　　　　　82
14_개의 정액분석　　　　　　　　　　　　　84
15_개의 정액 원심분리　　　　　　　　　　　88
16_개의 인공수정　　　　　　　　　　　　　91
17_미래생명과학연구소의 배양액　　　　　　97

인공수정 사례 · 99
용어설명 · 101

1 인공수정의 역사

    인공수정에 대한 기록은 1780년 이탈리아의 스팔란차니가 개를 이용하여 최초로 성공하였고, 가축에서 응용을 처음으로 시도한 것은 1907년 러시아의 이바노프이다.

    가축에 인공수정을 하는 경우의 장점은 수컷 1마리의 정액으로 많은 암컷들을 수태시킬 수가 있으므로 우량종축을 유효하게 이용함으로서 불필요한 수컷을 도태시킬 수 있다.

    또, 우량종축과의 교배를 위해 가축을 수송할 필요가 없고, 노력과 비용이 절약될 뿐만 아니라 먼 곳에 있는 개체간의 교배도 가능하며 전염성의 생식기병을 예방할 수 있다.

    한편, 결점으로는 어느 정도의 설비나 기술이 필요하며, 부주의로 인한 혈통상의 과오가 증가한다. 또, 기술의 미숙이나 설비의 미비로 인한 질병의 발생 등을 들 수 있다. 그러나 인공수정 방법은 현재 세계 각국에 널리 보급되어 있으며, 특히 젖소의 경우 많은 수가 번식하고 있다. 그러나 돼지나 양은 소에 비해서 매우 낮다.

수컷으로부터의 정액 채취는 소나 돼지의 경우 의빈대라 하여 암컷 모양의 형태을 갖춘 인조모형을 사용하여 인공질 속에 사정시키는 것이 보통이고, 닭의 경우는 복부를 마사지하여 채취한다.

개의 경우는 포피에 쌓여있는 음경을 밖으로 돌출시켜 귀두구를 잡고 맛사지하여 정액을 채취할 수 있다. 채취한 정액은 검사를 거쳐 적당한 희석액으로 희석한 다음 보존한다. 근래에는 $-80 \sim -196℃$의 저온으로 동결시켜 보존하는 방법이 개발되어 몇 년씩 보존할 수 있게 되었다.

암컷에 주입할 때는 소의 경우 손으로 항문을 통하여 진입하여 자궁경부를 잡고 주입기가 경부로 진입을 하였는지 촉진을 한 후 주입을 하고, 돼지의 경우는 대개 주입기만을 사용하여 자궁경부에 주입한다.

그러나 개의 경우는 고정을 하지 않으면 움직여서 주입을 하기가 어려운데 질경이 있으면 질경을 먼저 삽입 후 카데터를 통과하여 주입하면 용이하다.

한편, 1회 사출된 정액량으로 소는 20~50두, 말은 10~20두, 돼지는 10~20두, 면양이나 양은 30~60두, 개는 5~20두 정도 인공수정을 할 수가 있다.

2 우리나라 인공수정의 역사

우리나라에서는 1954년 처음 이용빈씨에 의해 인공수정 기술이 도입된 이후, 1955년 중앙축산기술원에서 돼지의 인공수정이 실시되었다.

본격적인 실시는 1961년 오스트리아에서 돌아온 김선환씨가 1962년 농협중앙회에 가축인공수정소를 설치 1975년까지 액상정액을 보급하여 왔으나, 1976년을 기점으로 동결정액을 보급하는 체제로 완전 탈바꿈하여 오늘에 이르게 되었다.

그 후 가축 개량사업소로 명칭을 바꾸고 1981년 축산업 협동중앙회가 발족하여 축협중앙회, 가축개량업소로 개칭하였다. 이후 국가적인 차원에서 가축의 개량을 목적으로 인공수정은 널리 보급되고 장려되었는데, 현재는 농업중앙회에 젖소개량부와 한우계량부가 있어서 우수한 종우들의 동결정액을 전국적으로 보급하고 있다.

특히 소의 경우 자연적인 교배로 인한 번식은 거의 사라진 상태로 인공수정으로 인한 번식이 100%에 달할 정도로 널리 보급되어 소를 많이 키우는 농장에서 인공수정은 아주 일상적인 일이 된 것이다.

3 개의 인공수정

 개의 생식구조는 타 가축과 달리 매우 특이한 형태를 하고 있어 인공수정이 쉽지 않다. 소의 경우에 있어서는 자궁경관에 인공수정 기구가 들어가는 것을 촉진할 수 있다.

 하지만 개의 경우에는 내시경을 이용, 자궁경관을 통과하여 인공수정을 할 수 있지만 보통의 경우에는 자궁경관 입구 가까이에 정액을 주입하여 인공수정을 실시해야만 하는 단점이 있다.

 따라서 자궁 내 주입하면 주입되는 총정자수를 줄일 수 있지만 자궁경관 입구에 인공수정을 실시할 경우에는 자궁 내에 주입할 때보다도 더 많은 수를 넣어주어야만 수태율을 높일 수 있다.

또한 인공수정은 자연교배 때에 받게 되는 스트레스나 전염병을 사전에 차단시킬 수 있어 자연교배와 비슷한 수준으로 수태율을 향상시킬 수 있다. 그리고 외국에서 수입되는 고가의 종견 대신 저가의 동결정액을 수입하더라도 손쉽게 우수종견의 생산을 증대하는 자궁강 내 인공수정기구를 개발하여 상용할 수 있는 것이 필요하다.

따라서 인공수정 기구에 대한 손쉬운 접근으로 효율성을 배가시켜 이를 이용함으로써 사용자에게 사용상의 신뢰도 및 만족도를 극대화할 수 있다.

우리나라에서 애완견의 인공수정은 90년대 조금 하다가 IMF 이후 거의 안하고 있다. 그러나 큰 규모의 도그쇼에서 챔피언을 획득한 개나 진돗개 등의 훌륭한 유전자를 지닌 것은 정자의 보존이 필수적이다. 또한 사냥개나 맹인안내견과 같은 것은 정자를 확보해 놓음으로써 훗날 유전자 뱅크 활용도의 가치가 매우 높아질 전망이다.

미래생명과학연구소에서는 좋은 유전자를 가지고 있는 개의 효용가치를 높이고 개의 인공수정 발달에 부응하고자 정자세척액, 냉장보관액 및 동결정액을 위한 배양액을 연구개발하게 되었다.

4 개동결 정액의 이점

인공수정은 동결정액을 많이 이용하기 때문에 그에 대한 이점을 알아본다.

- 국제적으로나 국내에서 동물수송의 필요성을 줄인다.
- 동결 정액을 이용한 인공수정은 나라 안에서 개개 번식을 위한 유전체 이용을 증가시킨다.
- 늘 내재하는 질병의 위험을 줄인다.
- 우수 혈통인데 나이, 허약, 요통 또는 다른 이유로 자연적인 교배가 불가능한 수컷으로부터 정액을 채취하여 동결·융해 후 번식을 시킴으로서 혈통을 보존할 수 있다.

― 미래 세대들의 사용을 위한 뛰어난 동물들로부터 유전체 물질을 보존할 수 있다.
― 동결정액으로 인공수정의 방법에 관한 연구는 정액의 품질을 평가하기 위해 사용되는 기술들의 발전을 가져다준다.

 # 5 　　　　　　　　　　암캐의 성성숙

성성숙은 번식능력을 획득하는 기간으로 정의된다.

암캐에서 성성숙은 처음 발정전기가 시작되는 것을 보고 인지한다. 성성숙의 시작은 성장의 극치기에 도달하는 시기와 연관된다. 소형 종의 암캐는 보통 6~10개월 사이에 성성숙이 시작되지만, 대형 종의 경우 2살 이상이 되어야 하는 것도 있다. 따라서 종간에 있어서 다양하게 나타나는 것을 볼 수 있다.

성성숙의 암캐와 성숙한 암캐 간에는 그의 발정전기와 발정기의 특징과 기간이 다를 수 있다.

성성숙의 암캐는 성숙한 암캐에 비해 배란동안에 나타나

는 발정행동이 덜할 수 있다. 또한 성성숙의 암캐는 발정전기·발정기 간의 기간이 짧을 수 있으며, estradiol-17β, 황체호르몬 그리고 프로게스테론 등 순환되는 호르몬의 농도 패턴이 불규칙적이거나 감소할 수 있다.

성성숙 암캐의 발정주기는 성숙한 암캐에 비해 더 많은 가성발정을 나타낸다는 점에서 다르다.

가성발정 동안 암캐는 질로부터 출혈이나 음문의 팽창, 수컷 유인 등 진성 발정전기·발정기의 몇 가지 징후를 보인다. 몇몇의 경우 가성발정을 보이는 암캐들은 교배의 수용까지도 보일 수 있다.

그러나 발정기가 시작되는 며칠이나 몇 주 후에 발정전기·발정기의 징후가 감소한다. 발정전기·발정기의 행동이 가성발정의 첫 기간 동안에 배란이 없이 일어나기도 한다.

성성숙 암캐는 또한 보통의 성견에 비해, 발정전기·발정기의 행동이나 눈에 띠는 임상적 징후 없이 배란이 일어나는 둔성발정이 더 많이 관찰된다

6 개의 발정주기

 개의 발정 또는 번식 주기는 발정전기, 발정기, 발정휴지기 그리고 무발정기 등 네 단계로 구분한다. 발정전기의 개시는 전체 발정주기의 시작이라고 볼 수 있다. 보통 암캐는 1년에 2회의 발정주기를 가지나 일부 품종의 경우에는 3, 4회의 발정주기를 갖기도 한다.

 개는 그 해의 어느 때나 발정이 올 수 있고, 그리고 자견은 그 해의 어느 각 달 중에 태어날 수 있기 때문에 암캐의 발정주기는 주기 당 단 한번의 발정의 완성을 나타내는 단발정으로, 그리고 비계절 번식으로 묘사된다.
 비록 대부분의 개들이 년 간 아무 때나 발정기가 나타나기는 하지만 몇 연구자들은 계절적인 경향을 주장하기도 있다.

계절성은 서로 다른 개의 종에 있어서 하나의 특성이기 때문에 계절적인 예측을 할 수 있다.

늑대, 코요테, 들개^{오스트레일리아의 딩고}, 중앙아프리카 바센지 등과 같은 개는 서식지인 지구 반구에 따른 발정기 철에 맞게 년 간 단 한번의 발정기만을 보이기 때문이다.

환경은 가축에 있어서 발정주기의 계절성에 영향을 미치는 인자라고 추측할 수 있다. 비록 개의 발정주기는 약간 계절성을 갖기는 하지만 그해에 걸쳐 언제든지 일어날 수 있다. 그러나 견주들이 출산을 선호하는 계절이 있기 때문에 그들에 의해 영향을 받을 수도 있다.

발정간 간격의 길이는 암캐 내에서, 종 내에서 그리고 종과 종 사이에서 다양하게 나타난다. 비록 소형 종은 대형 종에 비해 년 간 더 많은 발정주기를 갖는 경향이 있지만, 항상 그렇지는 않다. 그러나 한 마리의 암캐 내에서 발정간의 간격 또한 매우 다양할 수 있다. 또한 연령이 발정간 간격의 길이에 영향을 준다는 주장도 있지만 아직 정확히 조사된 기록은 많지 않아 단정을 지을 수는 없는 하나의 요소이다.

개에 있어서 최대 수태율을 가져오는 인공수정 기간은 2~3

일간이다. 때문에 많은 개에서 수정적기를 찾아내서 한 번의 인공수정으로도 임신으로 연결될 확률은 전적으로 인공수정 시술자의 몫이다.

가장 효과적인 번식을 위해서는 여러 가지 방법을 고려해 볼 수 있다. 최적의 수정적기는 암캐가 배란 후 2~4일 사이에 수정이 이루어졌을 경우이다.

어떤 암캐의 배란일은 평균적인 개들의 배란일과 매우 다를 수 있다. 비록 암캐에서 평균적인 배란은 발정전기 시작 후 약 12일 또는 발정기 시작 후 2~3일 정도에 일어나지만 배란의 시기를 예측하는 것은 번식을 관리하는데 있어서 크게 도움이 될 수 있으므로 주의 깊은 관찰이 요구된다. 또한 여러 가지 방법이 있겠으나 농장에 맞는 번식관리 시스템을 구축하는 게 필요하다.

7 개의 배란일 측정

암캐의 배란일을 예측하기 위해서는 다양한 방법들이 있다. 일반적으로 농장에서 실시하고 있는 생리적인 현상에 의해 나타나는 외형적인 관찰은 정확도 면에서 떨어진다. 따라서 고전적인 방법을 병행하거나 한 가지 이상을 동시에 시행함으로써 수정적기를 알아내는데 큰 도움을 준다.

호르몬 분석은 정확도 면에서는 높은 기대치를 주지만 비용이 만만치 않고 그것을 측정할 수 있는 곳으로 이동해야하는 번거로움이 있다. 발정주기를 확인하는데 손쉬운 방법들은 아니지만 몇 가지 소개하면 다음과 같다.

❶ 프로게스테론의 분석

표본에서 혈청 내 프로게스테론의 농도를 측정하는 것

은 암캐에서 최적 번식시기를 예측하기 위한 방법의 하나로써 발정기 동안에 채취한다. 암캐는 혈청 내 프로게스테론의 농도가 배란 2~3일 전부터 증가하기 시작한다는 점이 가축들 중에서 유일하다. 혈청 내 프로게스테론은 발정기 동안 1.0ng/ml 이하이다.

배란 때에 프로게스테론의 혈청 내 수준은 4~10ng/ml 범위이다. 발정전기 또는 발정기 동안 프로게스테론의 농도를 측정함으로써 암캐의 교배 적기를 예측할 수 있다 표 1. 만약 단 한번의 수정만으로 임신의 기회를 확신하기 위해서는 농도가 4~10ng/ml에 도달하고 2일 후 정도이다.

표 1. 방사선면역측정법RIA에 의해 측정된 발정기 암캐에서의 혈청 프로게스테론의 농도에 따른 배란일과 번식일

혈청 내 프로게스테론 농도(ng/ml)	배란 예정일*	번식의 최적일	배란일로부터 예상되는 출산예정일
1.0~1.9	+2 일	+4 days (3~6)	+63 (62~64) 일
2.0~3.9	+1 일	+3 days (2~5)	+63 (62~64) 일
4.0~10.0	0 일	+2 days (1~4)	+63 (62~64) 일

*단 1회의 번식이 추천되고 만일 가장 좋은 날이 불편하다면 괄호 내의 날짜를 이용한다.

비록 배란LH 극치 2~3일 후 때에 프로게스테론 농도의 범위는 보통 4~10 ng/ml이지만 그 농도는 암캐들 사이에서도 다양할

수 있다. 혈청 내 프로게스테론의 주간 변동은 임신한 암캐에서 오후에는 아침의 두 배 정도 농도가 높은 것으로 알려졌다. 만약 발정기 동안 임신하지 않은 개에서 유사한 주간 변동이 일어난다면 프로게스테론 수준에서 변화성은 샘플 채취 시기와 연관지을 수 있다.

혈청 내 프로게스테론 농도는 방사선면역측정법, 화학발광법 및 효소면역측정법에 의해 측정될 수 있다. 일반적으로 방사선면역측정법이 가장 정밀하며 두 기술을 재현할 수 있다. 그러나 그 방법은 보통 두 기술에 비해 더 비싸며 처리 소요시간이 더 길다.

프로게스테론 측정에 사용되는 기술의 결정은 관리되는 사례에 의해 영향을 받는다. 예를 들어, 프로게스테론의 변화된 농도에 있어서의 질적인 평가는 암캐가 처음 수캐를 수용해야 하는 때를 예측하기 위해서 적당하다고 볼 수 있다. 그러나 만약 동결정액으로 인공수정을 한다면 프로게스테론을 보다 정확하게 측정해야만 수태율을 높일 수 있다.

❷ 황체 호르몬의 분석

LH 극치의 시기를 결정하는 것은 배란, 난자성숙 그리고 수정의 시기를 예측하는데 도움이 된다. 배란은 보통 LH 극치 후 2~3일에 일어나며 난자성숙과 수정은 LH 극치 후 4~6일에 일어난다. 발정기 동안에 꾸준하게 증가하는 프로게스테론과는 달리 LH 극치는 단 24시간 동안만 증가한다. 발정기 동안의 어느 날에 얻어진 하나의 혈청표본과 LH에 대해 분석된 것은 LH 극치가 일어났는지 아닌지에 대한 정보를 제공하지는 않는다.

그러나 만약 표본에서 프로게스테론의 농도를 측정하여 2.0 ng/ml 이상이 나왔다고 하면, LH 극치가 일어났을 것으로 추측할 수 있다. LH 분석을 시행하기 위해서는 시일이 걸리며 교배 최적 시기의 예측을 결정하는 데는 거의 도움이 되지 않는다. 그러나 방사선면역측정법과 효소면역측정법이 현재 최적 교배시기를 결정하는데 도움을 주기 위해 개발이 되어 있다. 표본은 LH 극치를 잘못 알아내지 않도록 하기 위해 프로게스테론의 농도가 낮은 발정전기에서부터 시작하여 매일 채취할 필요가 있다.

❸ 에스트로겐의 분석

견주들은 종종 암캐의 적당한 번식시기를 결정하거나, 암캐의 비수용적 행동이 비정상적으로 낮은 에스트로겐 수준으로 인한 것인지를 결정하기 위해서는 에스트로겐에 대해 분석한 혈청표본의 유용성에 대해 조사해야한다. 유감스럽게도 다양한 에스트로겐estradiol-17β, estrone, estriol의 농도는 프로게스테론에 비해 혈액 내에 1,000배나 적게 함유되어 있어 분석하는데 있어서 매우 어렵고 비싸다.

게다가 에스트로겐의 농도는 LH와 매우 유사하게 혈액 내에서 매우 짧은 기간 동안 증가한다. 그렇기 때문에, 에스트로겐의 농도를 분석하는데 단 하나의 샘플은 배란 시기나 비수용적 행동에 대한 호르몬상의 원인에 대해 거의 정보를 제공하지 못한다.

Estradiol-17β는 보통 발정기가 아닌 발정전기 후기에 증가하기 때문에 보통 암캐가 교배의 수용적인 시기 동안에 estradiol-17β의 기본적인 농도를 찾는 것이 일반적이다. 발정기 동안 질 세포학에 있어서의 변화는 에스트로겐 수준이 증가하는지를 예측하기 위한 하나의 믿을 만하고 저렴한 지표물을 제공한다.

❹ 질 분비액의 양치상화 형태

자궁경부 점막이 양치상화처럼 나타나는 현상은 산부인과 의사들에 의해 여성의 수정 기간을 결정하는데 이용되었다. 발정기 암캐의 질로부터 채취된 분비액 또한 건조한 표본을 현미경으로 관찰해보면 양치상화의 형태를 가진 것을 볼 수 있다.

질 분비액은 질 전부에서 무균의 수정 피펫을 통과시켜 채취할 수 있다. 피펫에 5㎖ 주사기를 부착시켜 흡입하면 현미경용 슬라이드에 놓을 충분한 분비액을 채취할 수 있다. 채취된 표본은 슬라이드에 도말하여 상온에서 건조한다. 보통 채취한 분비액은 질 세포학을 위한 두 개의 도말을 준비하기 위해 첫 번째의 슬라이드로부터 남겨둔다.

첫 번째 슬라이드는 양치상화 형태를 보기위해 완전히 건조시킨 후 400배의 배율로 관찰한다. 이 방법도 정확도면에서 떨어짐으로 수정적기 확인에 이용된다면 다른 방법을 병행해야 한다.

❺ 질 점막의 총체적인 외형에 있어서의 변화

발정전기와 발정기 동안 혈액 내 estradiol과 프로게스테론의 농도가 변화함에 따라 이들 호르몬에 대한 여러 표적기관 또한 변화된다. 질점막 변화는 질경, 광학 섬유 내시경 또는 소아과용 S자 결장경 등을 이용하여 관찰할 수 있다. 발정전기 동안 변화의 두 단계가 관찰될 수 있다.

초기 동안 질 점액층은 수종이 되고 이것이 될 때는 수축

단계가 후에 따르게 된다. 발정전기에 시작된 질 점막의 수축은 발정기 동안 더욱 강하게 나타난다. 이후 발정기의 말까지 층이 최대로 수축되고 무딘 톱니모양이 형성된다.

발정휴지기는 질 점막이 둥글고 매끈하게 되기 시작하며 붉은색과 흰색 부분의 얼룩덜룩한 색으로 발달하는 동시에 비표재세포가 질도말에서 급격하게 증가하기 시작한다. 난소를 절제하거나 무발정기인 암캐의 질점막은 얇고 외상에 영향을 받기 쉽다. 종종 무발정기 동안 질경 장비의 단순한 통과도 약간의 부점막 출혈을 일으킬 수 있다.

❻ 질의 저항성/전도성에 대한 변화

질 분비물의 전기적 저항에 있어서의 변화는 푸른빛 여우와 은빛 여우를 수정시키기 위한 최적 시기를 결정하는데 성공적으로 이용되었다. 노르웨이에서 수정된 모든 여우의 80% 이상이 질 분비액의 전기적 저항변화를 측정하는 열감지기를 이용해 검사되었다.

질의 저항변화는 개에서도 가치가 인정되었으며, 탐침이 질 내에서 같은 자리에 일관성 있게 위치했을 때 정확한 것으로 입증되었다. 개의 다양한 종에 있어서 질 길이의 넓은 범위는 암여우에 비해 암캐에서 불필요한 절차를 만들 수 있다.

❼ 초음파검사 평가

질식이나 복식초음파는 가임기에 있는 여성들의 난포나 자궁형태, 태아의 산전진단 등에 이용되어오다가 그 활용범위가 넓어지면서 개에도 이용되고 있다.

개의 발정기 동안 난포의 발달, 배란 그리고 황체의 발달은 초음파진단을 이용해서 평가할 수 있다. LH 극치기와 비슷한 시기에 난포벽은 점차적으로 두꺼워진다. 이러한 양상은 마치 배란 전·후 황체조직의 발달에 의해 야기되는 것처럼 발정기 내내 기록된다. 배란 전 황체화현상은 1845년에 Bischoff에 의해 처음 밝혀졌고 이후 다른 연구자들에 의해서 확립되었다. 배란 전 황체조직의 점차적인 발달은 난포벽의 경화를 일으키게 된다.

앞에서는 호르몬 변화 등의 다른 방법들을 알아보았다.

여기서는 고전적인 방법이기는 하나 비용이 적게 들어 견주들에게 보다 편리성을 주고 있는 방법인 질도말에 관하여 중점적으로 설명을 하고자 한다.

8 개의 질 세포학

발정전기 동안 증가한 estradiol-17β의 순환하는 양은 질 상피의 두께에 있어서 무발정기에는 매우 얇은 세포층에서 발정전기 말에는 20~30 세포층으로 성장을 촉진한다. 질 상피의 두께에 따라 증가된 표재세포의 수가 질 분비액에 축적한다. 질도말에서 표재세포의 비율변화는 발정전기와 발정기의 진행을 모니터하는데 사용될 수 있으며, 암캐의 수정기간을 예측하기 위한 중요한 도구가 된다.

그러나 최대 각질화의 시기와 강도는 암캐들 간에 매우 다양하게 나타나기 때문에 호르몬분석과 질도말이 함께 이용될 때에는 발정이 정상적으로 진행되고 있는지와 암캐가 아직 수정기간에 있는지에 대한 중요한 정보를 제공해 준다.

프로게스테론의 농도는 암캐들 간에 매우 다양하게 나타나기 때문에, 프로게스테론 자료만을 이용해서 최적 번식시기를 예측하는 것은 종종 잘못된 결론을 야기할 수 있다. 예를 들어, 10 ng/ml의 혈청 내 농도는 배란, 난자성숙 그리고 수정 최적기가 가까워졌음을 또는 초기 발정휴지기에 있음을 의미할 수 있다.

  그러나 만약 프로게스테론 결과와 더불어 질도말에서 우세한 상피세포가 비각질화 세포^{비표재세포}인 것으로 나타났다면, 이 암캐는 배란, 난자성숙 그리고 최적 수정의 시기를 지나 이미 세포학적으로 발정휴지기에 들어갔다고 볼 수 있다.

  발정휴지기에서 번식된 암캐들은 수태율이 눈에 띠게 낮다. 그러나 질도말에 의해 발정휴지기의 시작을 판단하는 것은 견주들에게 매우 유용한 도구일 수 있다. 세포학적으로 발정휴지기의 시작은 LH 극치, 배란, 난자성숙 그리고 분만과 매우 밀접하게 관련되어 있다.

  세포학적 발정휴지기의 시작을 판단하는 것은 견주들이 번식이 실제로 적당한 시기에 일어났는지를 결정하는데 이용할 수 있다. 이것은 매일 질도말을 평가함으로써 많은 비용을 들이지 않고도 개의 소유주들에 의해 이루어질 수 있다. 견주들은 전문가에게 적당한 기술에 대한 교육을 받을 수 있으며, 암캐의 교배 수용기 동안과 마지막 교배 후 약 일주일 동안 도말을 얻기 위해 조언을 받을 수 있다. 교배 후 임신이 일어났는지를 예측할 수 있으며, 산자의 크기가 클 것인지도 예측할 수 있다.

만약 암캐가 세포학적 발정휴지기의 시작과 관련하여 너무 일찍 또는 늦게 번식된 경우, 살아있는 산자크기와 황체당 산자수가 감소할 수 있다. 발정휴지기의 시작을 파악하는 것은 번식자료의 이용과 정확하게 분만시기를 예측할 수 있도록 해준다.

질에서 발견되는 상피세포는 암컷 생식호르몬인인 에스트로겐에 민감하게 반응하여 발정 주기에 따라 영향을 받아 변화하게 된다. 이러한 변화 양상을 응용한 질 상피세포의 검사는 생식기가 에스트로겐의 영향을 받았는지를 알 수 있는 한 방법이다.

질 상피세포의 형태를 통해 발정주기 중에 어느 시기인지를 파악할 수 있고, 이를 이용하여 최적의 교배시기를 판정할 수 있다 그림 1. 발정 초기가 되면 각질화세포의 수가 최대로 증가하고 이를 통해 교배적기가 되었다는 것을 확인할 수 있다.

또한 난소호르몬과 같이 혈중에서 변화가 발정주기 동안

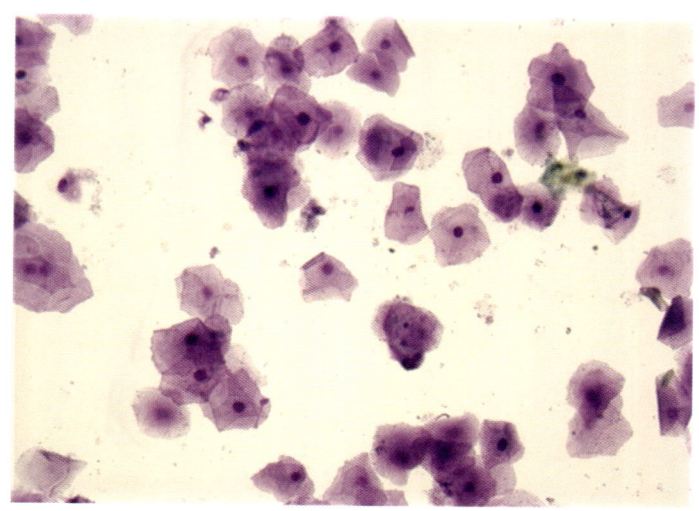

그림 1. 발정기에 있는 일반적인 개의 질도말 사진

나타나기 때문에 그것을 통하여 주기를 예견할 수 있다. 에스트로겐의 농도가 올라가면 질 상피세포가 각질화 되는 원인이 되어서 표면에 세포는 커지고 납작하게 되며, 핵이 작거나 혹은 없는 세포로 나타난다.

 질 세포학은 내분비를 분석할 수 있는 형태를 가지고 있다. 각질화 된 질 상피세포의 형태에서 변화를 추적하는 것은 에스트로겐 농도변화 분석의 편리한 수단을 제공한다. 이 기술은 개의 번식 프로그램을 관리하는데 많이 이용되고 있다. 그리고 몇몇 다른 종의 번식기능을 평가하는데도 이용되고 있다.

1. 개의 질 세포학에서는 다음과 같은 정보가 있다.
   ― 질도말 준비를 위한 기술
   ― 질 상피세포의 분류
   ― 개 발정주기를 통한 세포학적 변화
   ― 실질적인 표본과 자가 평가

2. 질세포 검사의 임상적 응용
   ― 발정기 개시의 확인
   ― 교배를 위해 이동하고자 할 때 발정의 첫날을 평가
   ― 생식능력이 있는 수컷과 교배시켰음에도 불구하고 수태되지 않은 암컷의 내분비와 행동의 관계 확인
   ― 발정휴지기의 첫날 결정

3. 판독
   ― 발정주기 중 질 상피세포 중에서 각질화 상피세포의 존재는 에스트로겐의 영향을 받았다는 것을 의미한다.
   ― 상피세포의 각질화는 유동적이어서 각질화 상피세포의

출현은 점차적으로 100% 까지 증가한 다음 발정휴지기에는 점차적으로 감소한다.
- 질 상피세포의 검사는 1차의 검사만으로는 발정기의 단계를 판정할 수 없으므로 2회 이상의 검사로 판정을 내린다.
- 자궁상피세포는 세포가 커지면서 둥근 형태에서 각진 형태로 바뀌고, 핵이 작아지면서 치밀해 지다가 결국에는 핵이 사라지는 각질화 상피세포의 형태가 된다.
- 질 상피세포 검사상 세포의 유형
· 각질화세포
  무핵 편평상피세포
  표재세포
· 비각질화세포
  중간세포
  방기저세포
  발정후기세포 Metestrum cell : 변형된 방기저세포로서 세포질에 중성구를 함유하고 있음
  포말세포 Foam cell : 변형된 방기저세포로서 세포질에 액포를 함유하고 있음

4. 발정주기에 따른 세포의 유형

1) 발정전기 초기 : 중간세포와 표재세포, 적혈구, 성숙 호중구
2) 발정전기 말기 : 표재세포 50% 이상, 무핵세포, 적혈구
3) 발정기: 무핵세포 50% 이상, 표재세포, 적혈구 증감, 성숙 호중구는 발정기 2, 3일 후에 나타남
4) 발정휴지기 : 중간세포 50% 이상, 표재세포, 무핵세포, 발정후기세포, 포말세포
5) 무발정기 : 표재세포와 중간세포의 작은 수, 성숙 호중구 증감

5. 질세포의 분류

1) 기저세포 Basal cell : 질 표본에서 관찰되는 모든 상피세포가 기저세포에서 기원한다. 이 세포는 작고, 세포질의 양이 적으며 질 표본에서 드물게 발견된다.
2) 방기저세포 Parabasal cell : 기저세포는 원형 핵과 소량의 세포질을 갖고 있는 원형세포이며, 일반적으로 크기와 모양이 아주 균일하다. 성성숙 이전의 개에서 면봉으로 채취하여서 보면 많은 기저세포가 발견된다.
3) 중간세포 Intermediate cell : 중간세포는 세포질의 양에 따라 크

기가 결정된다. 대·소형 중간세포의 핵 크기는 기저세포의 핵과 크기가 비슷하지만 중간세포는 기저세포보다 약 두 배 크다. 중간세포의 크기가 커지면서 세포질은 불규칙해지며 주름이지고 모가나며 표재세포의 세포질과 비슷해진다. 때로는 큰 중간세포를 표층 중간세포 또는 이행중간세포라고 한다.

4) 표재세포 Superficial cell : 표재세포는 질 표본에서 볼 수 있는 가장 큰 상피세포이다. 이것들은 노화되어 퇴행하면서 핵은 농축되고 색은 흐려지며 때로는 무핵세포로 된다. 세포질은 풍부하고 모나며 주름이 생긴다. 세포가 퇴행하면서 세포질은 작은 공포를 함유할 수도 있다. 중층 편평상피세포가 크고 납작한 죽은 세포로 퇴행하는 과정을 각질화라고 한다. 표재 상피세포를 흔히 각질세포라고 한다. 농축된 작은 핵을 갖고 있는 표재세포와 무핵 표재 상피세포는 같은 의의를 갖는다.

9 개의 발정주기에 따른 현상

❶ 발정전기

발정전기는 임상적으로 발정기가 곧 다가옴을 나타내는 외관상의 변화를 알아볼 수 있는 발정주기의 한 단계로써 정의된다.

발정전기는 보통 성숙한 암캐에서 9일 정도이며, 0~27일의 범위를 갖는다. 출혈은 보통 발정전기의 암캐에서 팽창되고 부어오른 음문으로부터 나온다.

발정전기의 암캐는 보통 수캐에 흥미가 있지만, 교배를 수용하지 않는다. 암캐는 종종 자신의 엉덩이 쪽에 다가오는 수캐에게 반항하거나 으르렁대거나 또는 교배를 못하도록 앉는 경우가 있다.

발정전기 수캐가 암캐에 대한 흥미는 암캐의 질 분비물과 항문 분비물, 또는 소변에 있는 성호르몬에 의한 것으로 볼 수 있다. 발정전기 동안에 세 가지 성적 행동양식이 관찰 된다. 첫 번째는 음문쪽을 건드렸을 때 그 반응으로 음문의 상향 이동, 두 번째는 음문의 좌우 피부를 가볍게 쳤을 때에 대한 반응으로 뒷다리의 동측성 굴곡, 세 번째는 음문의 양측 피부를 가볍게 쳤을 때에 대한 반응으로 꼬리의 대측성 또는 수직의 편향 또는 세워 흔드는 것이다. 이러한 성적 행동양식은 무발정기에는 없다가 발정전기 동안 증가하며, 초기와 중기 발정기 동안에 최고조에 이른다.

초기와 중기 발정기에 얻어지는 질도말은 보통 상피세포 유형의 혼합 상태와 적혈구의 유무에 의해 특징 지워진다^{그림 2-A}. 발정전기 중후반까지 방기저세포와 작은 중간세포의 비율이 감소하고, 표재세포와 큰 중간세포의 비율이 증가한다. 발정전기 암캐의 질도말에는 보통의 경우 많은 적혈구를 갖지만 없거나 적은 수를 가질 수도 있다.

내분비학적으로 발정전기는 estradiol의 혈청농도가 발정전기의 임상적 징후를 가져오는 수준까지 증가하는 발정주기의 단계이다. 증가가 있은 후 혈청 내 estradiol의 농도는 교배의 수용이 시작되기 이전에 감소하게 된다. 프로게스테론의 혈청농도는 늦은 발정전기 이전까지는 기저 수준(1~2 ng/ml)을 유지한다. 혈청 프로게스테론의 증가는 난포의 배란 전 황체화와 관련이 있다.

암캐의 혈청 내 테스토스테론의 농도는 늦은 발정전기에 증가하며, LH 극치 시점에서는 어린 수캐의 혈청에서 찾아볼 수 있는 것과 비슷한 수준인 0.3~1.0ng/ml의 농도까지 도달한다. 테스토스테론의 증가된 농도는 행동적인 발정기에 기여하는 한 가지인지 또는 단지 증가된 스테로이드합성의 결과인지 알려지지 않았다.

혈청 내 LH의 농도는 비록 늦은 무발정기나 발정전기 초기 동안 기저 수준 이상으로 증가된 농도로 기록되긴 하지만, 대부분의 발정전기 동안에는 기저 수준 가까이에 남아있다. 혈청 내 FSH의 농도는 발달한 난포에 의해 생성되며, FSH를 억제하는 호르몬인 folliculostatin의 부의 되먹이작용에 의해 발정전기 동안 감소한다.

프롤락틴의 농도는 발정전기 내내 다양하게 기록되지만, 특히 무발정기의 끝과 발정전기의 시작에 영향을 받을 수 있다. 초기 무발정기에 도파민의 길항제인 bromocriptine을 이용하여 프로락톤을 억제하면 발정전기의 시작을 앞당길 수 있다.

난포가 성숙하고 혈청 에스트로겐 농도가 증가하면서 질 상피세포는 증식하고, 적혈구들이 자궁 모세혈관을 통하여 이동한다. 이러한 변화는 발정전기에 만든 세포학적 표본에서 전형적인 소견을 나타낸다. 발정전기의 처음과 중간에 만든 세포표본은 방기저세포, 소형과 대형 중간세포 및 표재세포가 혼합되어 있는 것이 특징이다. 일반적으로 호중구와 적혈구도 존재한다.

발정전기의 끝에는 호중구가 감소하고, 대형 중간세포와 표재세포가 우세하게 많다. LH가 최대로 분비되기 약 4일 전에는 표본에서 기저세포와 소형 중간세포가 더 이상 보이지 않는다. 발정전기에 적혈구는 많을 수도 있고, 없을 수도 있다. 유리 세균과 상피세포 표면에 붙어 있는 세균은 두 가지 다 종종 많이 존재한다. 성숙한 정상 암캐의 발정전기는 2~15일간 지속되며 평균 9일이다.

❷ 발정기

발정기는 암캐가 교배를 위해 수캐를 수용하는 단계이다. 발정기 동안 음문이 커지는 것은 아니지만 발정 전기에 비해서 부드럽고 음문에 출혈이 나타난다. 그 출혈은 종종 혈액이 감소된 것 같이 담황색인 발정 전기의 출혈에 비해 적은 양의 혈액을 포함한다. 그러나 몇몇 암캐의 경우에는 발정전기와 발정기 내내 출혈을 일으킨다. 행동적인 징후에 기초한 발정기의 평균기간은 9일이며, 4~24일의 범위를 갖는다.

암캐는 혈청 내 estradiol의 농도가 감소하고, 프로게스테론의 농도가 증가하기 시작하는 이후로 수캐를 수용하기 시작한다. 에스트로겐만으로도 암캐의 성적행동을 유도할 수 있긴 하지만 프로게스테론은 성적행동을 증가시키고 또한 이들 행동을 동기화 시킬 수 있다. 혈청 내 estradiol 농도의 감소는 우선적으로 일어나며, 발정기의 시작 즈음에서 일어나는 LH 극치에 영향을 주며 배란을 주도한다.

암캐에서 다양한 호르몬 및 행동의 변화는 비록 일시적일 수 있지만 발정기의 시작은 꽤 다양할 수 있다. 예를 들면, 일부 연구자들은 행동에 기초한 발정기의 첫째 날에 LH의 배란 전 극치가 일어난다고 보고한 반면, 다른 이들은 행동에 기초한 발정기의 시작과 LH의 배란 전 극치 사이에 관련이 없다고 보고하였다.

몇몇 암캐에서는 발정기의 시작이 LH 극치 전 2~3일 정도

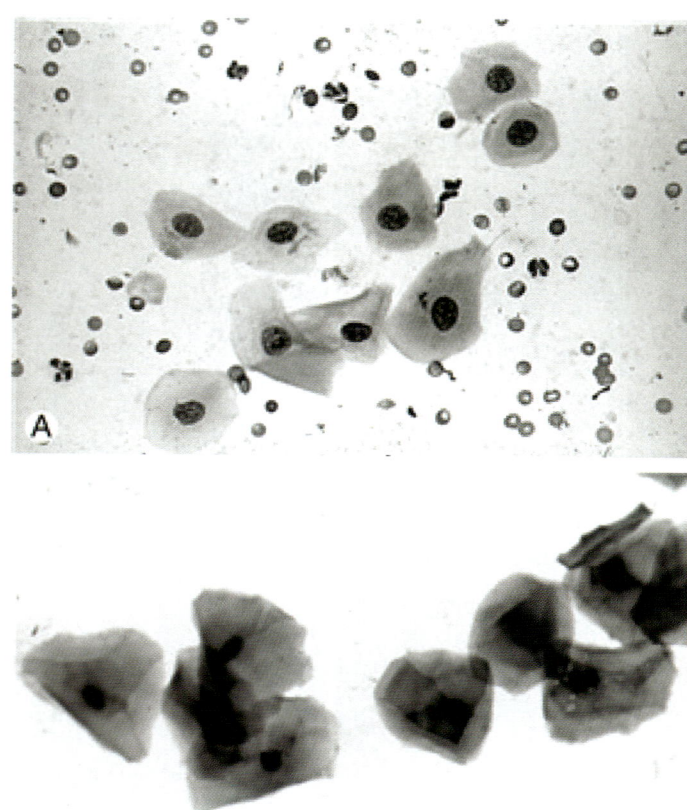

그림 2. 발정주기가 다른 개의 질도말 사진.
A : 발정전기의 질도말. 핵이 있는 상피세포와 많은 적혈구에 주목.
B : 발정기의 질도말. 세포학적인 발정기를 대표하는 큰 표재 상피세포. 표재세포의 핵은 없거나 농축 또는 핵붕괴를 거친다.

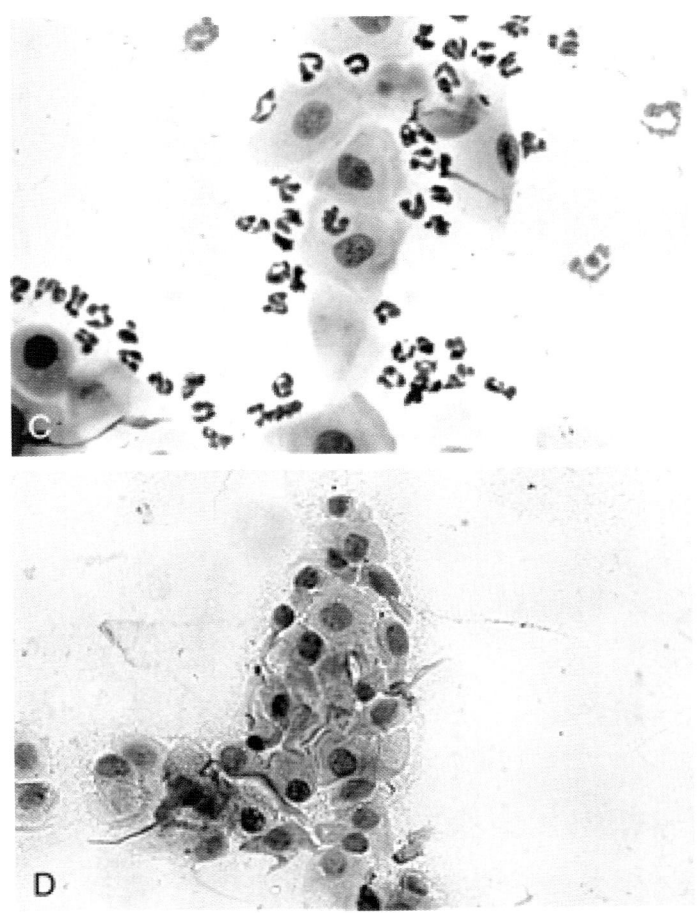

C : 발정휴지기의 질도말. 핵이 있는 질 상피세포와 다수의 백혈구에 주목. 비록 초기 발정 휴지기 동안 질도말에 백혈구가 많기는 하지만, 이들의 존재는 발정휴지기를 의존할만 한 표시물은 아니다.

D : 무발정기의 질도말. 상피세포는 핵이 있고, 발정전기 혹은 발정기의 암캐에서 그것보다 크기에서 작다.

에 앞서 시작될 수 있는 반면, 대부분의 암캐에서는 LH 극치 후 4~5일까지도 일어나지 않을 수 있다. 심한 경우, 후기 발정전기의 암캐가 LH 극치의 4~5일 정도 이른 시기에 공격적인 수캐에 의해 교배될 수 있는 반면, 몇몇은 LH 극치 후 6일 이상이 지나도 수캐를 거부하는 경우도 있다.

발정기는 세포학에 기초하여 질도말에서 질 상피세포의 90% 이상이 표재세포가 나타나는 시기로 정의할 수 있다 그림 2-B. 그러나 세포학적 발정기의 시작이 항상 성적 수용이나 LH 극치의 시작과 관련되어 있는 것은 아니다. 배란 전 LH 극치의 기간은 24~96시간으로 기록되는 범위 내에서 매우 다양하게 나타났다. LH 극치 이후 남은 발정기 동안에는 LH의 농도가 무발정기, 초기 발정전기 및 발정휴지기의 농도 보다 낮아지는데 이것은 뇌하수체에 LH가 고갈되기 때문이다. 또한 LH 극치와 거의 비슷한 시기나 직후에 FSH의 농도에도 한차례의 극치가 일어난다.

배란은 보통 LH 극치 후 2~3일 쯤에 일어난다. LH 극치에서 배란까지의 간격은 보통 2일 정도이다. 개의 난자는 다른 동물과 다르게 제1 난모세포 상태로 배란되며, 수정은 이들 난자가 제2 난모세포가 되기 위해 감수분열을 겪게 되는 배란 후 48~72시간 정도까지는 완성되지 않는다. 배란 후 난자는 난관의 2/3의 지점까지 내려와 머물러 있다가 수정이 되고 분열하여 상실배나 초기 배반포 단계에서 착상을 위하여 자궁으로 내려오게 된다.

 배란은 항상 성적 행동의 시작을 동반하지는 않으며 종에 상관없이 다양하게 일어날 수 있다. 게다가 배란은 여러 가지 이유로 인해 교배에 비수용적인 상태로 남아있는 생리학적으로 정상적인 암캐에서도 일어날 수 있다. 또한 앞서 언급했듯이, 배란은 행동적인 발정기를 나타내지 못하는 성성숙의 암캐에서도 일어나는 것으로 보고되었다.
 난포의 배란 전 황체의 결과로 야기되는 프로게스테론 혈청농도의 점차적인 증가는 LH 극치 후에도 계속되는데 이때에 프로게스테론의 혈청 내 농도는 더욱 급격한 증가를 겪게 된다. 암캐는 행동적인 발정기가 프로게스테론의 높은 농도가 유지되는 상태에서 일어난다는 것이 특징이다. 발정기 동안 프로게스테론의 농도변화는 질도말, LH 분석, 발정 행동, 질액의 전도성, 양치상 등과 같은 다른 요소들과 함께 배란시기를 예측하는데 이용될 수 있다.
 배란의 정확한 시기를 결정하는 것은 초음파 기술로도 어려운 일이지만 LH나 프로게스테론을 측정함으로써 어느 정도 예측이 가능할 수 있다. LH 극치의 정확한 시기를 결정하는 것은 임상적인 설비가 없는 경우에는 어려운 일이다. 왜냐하면 LH 극치는 단 하루에 일어날 수 있으므로 한주에 며칠씩 매일 표본을 얻지 않는 한 놓칠 수 있기 때문이다.

프로게스테론의 농도는 LH 극치 전.후의 몇 주 동안 꾸준히 증가하기 때문에 이러한 증가를 확인해 보면 덜 놓칠 수 있다. 프로게스테론을 측정하는 것은 난자 성숙시기나 배란시기를 예측하기 위해 사용되는 간접적인 방법으로 이용할 수 있다.

발정기에 탈락하는 상피세포의 90% 이상이 표재세포이다 그림 2—C. 따라서 발정기의 질 표본에는 일반적으로 작은 농축핵을 갖고 있는 표재세포들이 거의 대부분이다. 그러나 어떤 암캐의 표본은 100% 무핵세포 만을 함유하기도 하는데 다른 어떤 개에서는 대형 중간세포가 남아있을 수도 있다. 최대 각질화 시기는 다양하며, LH 최대 분비 전 6일부터 분비 후 3일까지다. 배란은 대체로 LH 최대 분비 후 1~3일에 일어난다.

이런 변이 때문에 LH 최대 분비시기와 배란시간을 아주 정확하게 예측할 수 없다. 발정기에 만든 세포학적 표본에는 호중구가 없으며, 적혈구는 있을 수도 있고, 없을 수도 있다.

일반적으로 표재세포의 표면과 주변에서 많은 세균이 보인다. 성숙한 암캐의 평균 발정지속시간은 9일이지만 그 기간은 3~21일로 다양하다.

❸ 발정휴지기

발정휴지기의 시작은 교배행동보다는 질 세포학에 의해 정의된다. 왜냐하면 LH 극치, 배란, 난자의 성숙 및 분만 등의 시기는 질 세포학을 이용했을 때 더욱 정확하게 맞출 수 있기 때문이다. 질 세포학적으로 정의되는 발정휴지기의 시작은 질도말에서 작은 중간세포과 방기저세포의 비율이 증가하고 표재세포의 비율이 급격히 감소하는 때에 일어난다.

세포학적인 발정휴지기의 시작을 알리는 질도말에 있어서의 변화는 행동학적 발정기 전 3일, 난자 성숙 후 2~5일, 배란 후 5~7일, LH 극치 후 8~9일 즈음에 일어난다[표2].
세포학적인 발정휴지기의 시작은 매일 질도말을 평가함으로써 쉽게 확인되기도 하지만, 세포학적 발정휴지기의 시작은 암캐가 더 이상 최대 수정기간 내에 있지 않은 시기에 일어난다. 그러므로 만약 교배가 적당한 시기에 이루어진다면 최적의 수정적기를 결정하는데 있어서 세포학적 발정휴지기의 시작은 관망적으로 이용될 수는 있지만 예측하려는 경우에는 도움이 되지 않는다.

혈청 프로게스테론의 농도는 배란 전 LH 극치 동안이나 이전의 1~2 ng/ml 보다 훨씬 급격하게 증가하며, LH 극치 후 15~30일까지 15~90 ng/ml로 최고점에 도달하여 발정기를 통해 계속적으로 증가한다. 이 시기 후에는 혈청 프로게스테론의 농도가 5~6주 동안 점차적으로 감소한다. 프로게스테론의 양상은 발정휴기지 동안 임신이 되었거나 교배가 이루어지지 않았거나, 자궁 적출을 받은 개에서는 대부분 유사하게 나타난다.

임신의 유지는 암캐에서 난소의 프로게스테론 생산에 의해 좌우된다. 황체는 임신기간 동안 프로게스테론을 순환시키는 유일한 공급원이며, 임신기간 도중에 임신의 종료나 조산아 출산의 원인은 황체퇴행으로 일어난다. 분만 전에 혈청 내 프로게스테론은 1~2 ng/ml 이하로 급격하게 감소하며 이러한 감소는 정상적인 분만이 일어나는데 필수적이다.

유선의 발달은 발정휴지기 동안 임신여부에 상관없이 나타날 수 있다. 이것은 아마도 순환되는 프로게스테론이 증가하기 때문인 것으로 보인다. 임신 중인 암캐는 분만이 가까워지면서 젖을 분비하며, 또한 임신하지 않은 암캐도 발정휴지기 말기 즈음에서 젖 분비를 일으킬 수 있다. 발정휴지기의 끝이나 분만이 가까워졌을 때 일어나는 현상인 프로게스테론의 감소와 프롤락틴의 증가는 젖 분비와 깊은 관련이 있다.

표 2. 암캐에서 선별된 번식 생리적 사건의 상호관계

	LH 극치	배란	난자 성숙	세포학적인 발정휴지기의 시작
LH 극치		LH 극치 2~3일 후 배란이 일어남	LH 극치 4~6일 후 난자 성숙이 일어남	LH 극치 8~9일 후 발정 휴지기의 시작이 일어남
배란	배란 2~3일 전에 LH 극치가 일어남		배란 2~4일 후 난자 성숙이 일어남	배란 5~7일 후 발정휴지기의 시작이 일어남
난자 성숙	난자 성숙 4~6일 전에 LH 극치가 일어남	난자 성숙 2~4일 전에 배란이 일어남		난자 성숙 2~5일 후 발정 휴지기 시작이 일어남
세포학적인 발정휴지기의 시작	발정 휴지기 시작 8~9일 전에 LH 극치가 일어남	발정 휴지기 시작 5~7일 전에 배란이 일어남	발정 휴지기 시작 2~5일 전에 난자 성숙이 일어남	

발정휴지기 내내 개의 황체가 황체자극호르몬 공급을 필요로 하는지는 아직 명확하게 밝혀지지 않았다. 황체자극호

르몬은 LH나 프롤락틴 같은 호르몬으로써 특정 종에 있어서 황체의 유지에 필수적이다. LH의 면역 중성화나 도파민 길항제인 프롤락틴 저용량에 의해 야기되는 프로게스테론의 감소는 몇몇 연구자들이 발정휴지기 후반부의 암캐에 있어서 황체기능에는 LH와 프롤락틴이 필수적이라는 결론을 내렸다. 또 다른 연구자들은 LH가 아닌 프롤락틴이 황체기간 후기 동안 제1차 황체자극호르몬이라고 주장하였다.

황체기능은 발정휴지기의 초기 동안 뇌하수체의 공급에 덜 의존한다. 초기 황체에서 뇌하수체의 황체자극 유지에 대한 확연한 차이의 원인은 현재 밝혀지지 않고 있다. 그러나 이러한 차이들은 황체 조직에 있는 LH나 프롤락틴 수용체의 변동에 의한 것으로 보이지는 않는다.

발정휴지기 후반에 일어나는 혈청 내 프로게스테론 농도의 감소는 암캐에서 순환되는 LH나 프롤락틴 수준의 감소에 의해 야기되는 것이라고 보지는 않는다. LH 농도는 발정휴지기 동안 암캐의 임신여부와 관계없이 증가한다. 결국, 암캐의 황체기의 끝을 의미하는 프로게스테론 농도 감소의 원인이 LH의 불충분한 분비라고 볼 수 없다. 비슷한 경우로 발정휴지기 후기동안에는 초기에 비해 프롤락틴의 농도가 두, 세배로 증가한다.

프롤락틴은 발정휴지기 동안 제 1차 황체자극호르몬에 관계없이, 발정주기 길이의 조절에 중요한 생리적 역할을 하는 것으로 나타났다. 발정간의 간격은 프롤락틴 억제제를 투여한 암캐에서 단축될 수 있다. 그러나 이러한 단축은 일차적으로는 발정휴지기 보다는 무발정기의 길이가 감소함으로 인해 야기되는 현상이다.

임신 중이거나 교배가 되지 않았거나 혹은 자궁적출을 받은 암캐들 모두에서 비슷하게 나타나는 혈청 내 프로게스테론의 농도와는 달리 혈청 내 면역반응 릴랙신의 농도는 임신 여부에 따라 다르게 나타난다. 혈청 내 면역반응 릴랙신 농도는 임신하지 않은 발정휴지기의 암캐에서 0.25 ng/㎖ 이하이다. 평균 혈청 면역반응 릴랙신 농도는 임신 중인 암캐에서 임신 6~7주 간 최대 농도〉3.0 ng/㎖까지 증가한다. 프로게스테론 생산은 오로지 난소에서 유래 되는 반면, 릴랙신 생산은 처음에 태반에서 유래된다.

발정휴지기 동안 암캐에서 혈청 내 프로게스테론의 농도는 무발정기에 비해 감소하며, 황체기 내내 낮은 수준〈0.1 ng/㎖을 유지한다. 혈청 내 androstenedione 농도는 발정전기 동안 증가하여 LH 극치시기에 가까워지면 평균 0.73±0.13 ng/ml에 도달한다. 혈청 내 androstenedione 농도는 대부분 암캐의 발정기 동안에 감소하게 되며, LH 극치 후 6~18일 사이에 임신여부에 관계없이 0.4~1.27 ng/ml로 최고치에 도달하기 위해 다시 증가한다. 분만 시에 androstenedione과 프로게스테론 둘 다 급격하게 감소한다.

발정후기는 대부분 LH 최대분비 후 약 8일6~10일에 시작되며, 세포학적으로 표재세포들의 상대적 수가 갑작스럽게 변한다. 상피세포 수는 최소한 20% 감소한다. 기저세포와 중간세포는 5% 이하이던 것이 10% 이상으로, 때로는 50% 이상으로 증가한다.

호중구 수는 변이가 심하며, 보통 기저세포와 중간세포의 증가와 일치한다. 호중구가 상피세포의 세포질 안에서 보일 수 있다. 어떤 암캐의 발정후기에 만든 세포학적 표본에는 호중구가 전혀 없을 수도 있다. 적혈구는 있을 수도 있고 없을 수도 있다.

발정기의 끝과 발정후기의 처음사이인 이행기에 만든 세포학적 표본은 먼저 만든 표본을 참고하지 않으면 발정전기의 처음이나 중간에 만든 세포학적 표본과 비슷하게 보일 수 있다. 두 시기에는 공히 표재세포와 비표재세포가 비슷하게 섞여있고, 적혈구와 호중구가 존재할 수도 있다. 일반적으로 질경검사, 음문검사 및 동물의 행동이 감별을 하는데 도움이 된다.

❹ 무발정기

무발정기는 행동학적 또는 임상적 징후에 의해 정의한다면 번식주기의 정지기이다. 보통 무발정기 암캐는 수캐에 흥미를 갖지 않으며, 교배에 수용적이지도 않다. 무발정기 동안 음문은 작으며, 출혈은 없거나 매우 소량이다. 방기저세포와 중간세포들은 무발정기 암캐의 질도말에서 가장 많이 존재하는 세포유형이다.

내분비학적 요인으로 평가했을 때 무발정기는 정지기와는 거리가 있다. 후기 무발정기에 혈청 내 LH의 농도는 고동치는 듯한 파동을 형성하는 분출에 의해 증가하는데 이것이 다음의 발정전기를 이끄는 것으로 보인다. 무발정기 동안 혈청 내 FSH의 농도는 증가하며, 후기 무발정기에는 발정기에 일어나는 배란 전 FSH 극치만큼이나 높은 수준까지 올라간다.

무발정기는 종종 내분비학적으로 프로게스테론의 농도가

1~2 ng/㎖ 이하의 기저 수준으로 떨어지는 발정휴지기 이후의 시기로써 정의되기도 한다. 그러나 기저 프로게스테론 수준의 정의는 임의적인 것이고 아직 정의되지 않은 수준의 프로게스테론의 농도에서 더 많은 감소는 새로운 발정전기가 시작되기 전에 온다는 것이다.

무발정기 동안 혈청 내 에스트로겐의 농도는 논쟁의 여지가 많다. 비록 무발정기 동안 estradiol의 농도는 변동이 심하지만, 그라아프 난포가 발달하는 발정전기 동안에는 다시 증가하게 된다. 무발정기 동안의 에스트로겐 증가도 다른 연구자들에 의해 보고되었다. 에스트로겐은 무발정기 동안 일어나는 난포 성숙과 더불어 증가할 수 있다. 그러나 estradiol은 무발정기 중기에 낮아 졌다가 배란 전 LH 극치 한 달 전부터 증가한다.

무발정기 암캐에서 난소 기능의 정확한 특성은 밝혀지지 않았지만, 난소는 일정하게 활동하며 그들의 생산물은 뇌하수체의 성선자극호르몬을 억제한다. LH와 FSH의 농도는 정상적인 무발정기 암캐와 비교했을 때 난소-자궁 적출을 받은 암캐에서 급격하게 증가한다. 발정휴지기에는 방기저세포와 중간세포가 대부분이다그림 2-D. 호중구와 세균이 존재할 경우는 소수에 불과하다.

❺ 배란적기

세포검사로만 교배시기를 정확하게 판단할 수 없기 때문에 육안검사와 병행하면 좋은 결과를 얻을 수 있다. 어떤 암캐에서는, 특히 젊은 암캐의 경우, 발정전기와 발정기가 아주 짧을 수도 있다. 어떤 암캐는 발정전기와 발정기의 행동이 눈에 보이지 않지만 정상적으로 배란을 하는 경우도 있다. 암캐는 질상피세포의 90% 이상이 표재세포인 모든 기간에 4일 간격으로 인공수정을 실시할 수 있다.

개의 정자는 발정기의 자궁에 적어도 4~6일간 생존할 수 있으므로 인공수정은 배란 직전에 시작하여 배란 후 4일까지 하는 것이 성공적이다. 일단 발정후기가 되면 수정율은 급격히 감소한다. 세포학적으로 발정후기가 시작된 후 24시간 이상 지연되면 번식은 성공할 가능성이 적다.

어떤 때는 자연교배한 암캐의 질 표본에서 정자가 발견되지만 정자가 존재하는 기간은 다양하다. 정자가 존재하면 교배한 것이라 확인되지만 없을 때에도 교배를 안했다고 단정할 수는 없다. 자연교배 후 24시간 내에 얻은 질 표본에서 약

65%에서 온전한 정자 또는 정자의 두부를 발견할 수 있었고, 48시간 내에는 약 50%에서 이것들을 발견할 수 있었다. 따라서 개는 정확한 배란시기를 알아내는 것이 수태율과 직결됨을 암시한다.

10 개의 질 도말 준비를 위한 기술

❶ 준비물

- 15cm 면봉
- 슬라이드 글라스
- 메탄올 및 분무기
- Diff-Quik 염색약 Giemsa 혹은 Wrights

❷ 표본준비

질로부터 상피세포를 얻는데 목적이 있다.

발정전기나 발정기에 있는 개에서 주로 실시하는데, 소형견은 약 5~10cm 정도, 대형견은 약 15cm 정도 깊이로 질에 면봉을 넣어서 세포를 채취한다. 사용 전 면봉에 식염수를 조금 묻혀서 이용하면 삽입하는데 용이하다. 면봉은 3~4cm 진입한 후 45도로 각을 주어 치골궁까지 삽입한다. 면봉이 완전히 삽입되면 끝을 몇 회 돌려서 적당하게 면봉에 세포질이 묻게 한다. 이 후 면봉이 부러지지 않게 부드럽게 질 밖으로 면봉을 돌려서 꺼낸다 그림 3.

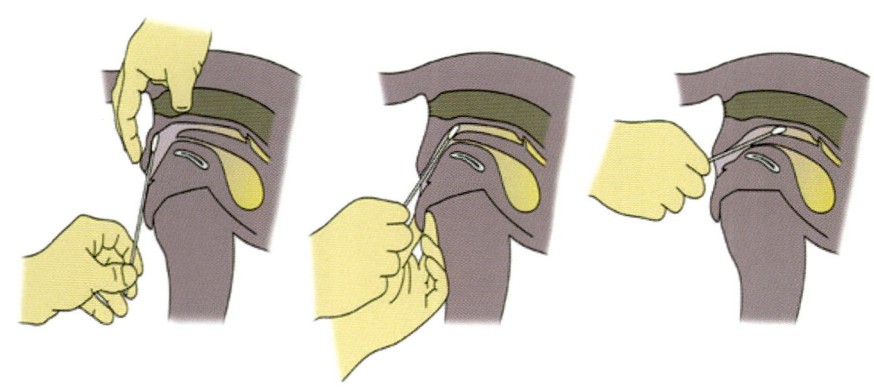

그림 3. 개의 질에서 면봉으로 세포를 채취하는 순서와 방법

❸ 질도말의 준비와 염색

채취된 세포는 도말을 위하여 슬라이드 글라스 위에 면봉을 몇 번 굴려서 세포가 표면에 묻게 한다 그림 4.

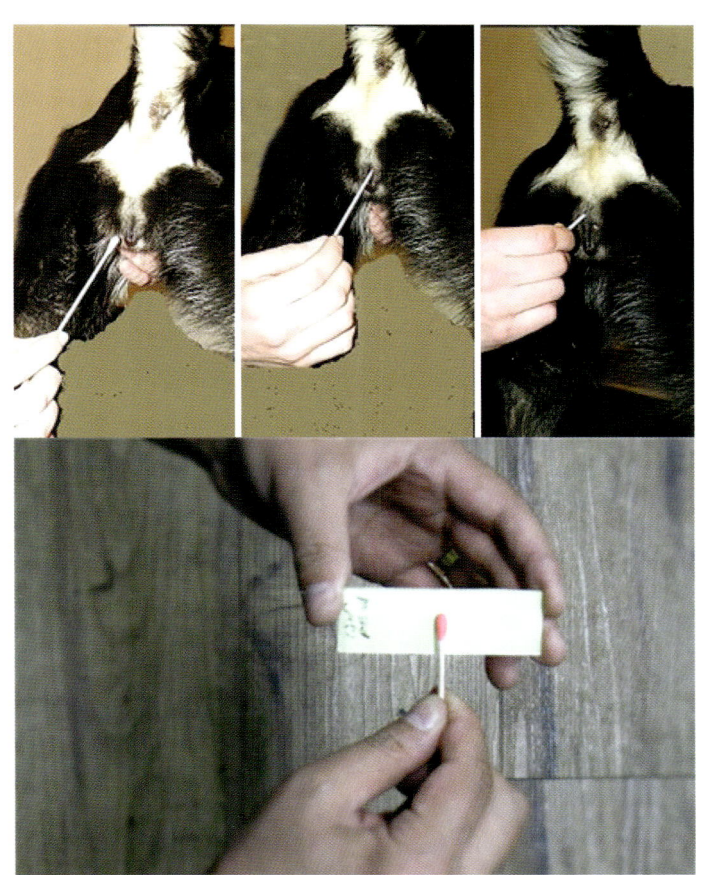

그림 4. 질에서 세포를 채취하는 방법과 세포를 도말하는 방법

도말이 준비되면 메탄올 용기 안에 5~10분 동안 침지하여 고정한다. 혹은 분무기를 이용하여 고정하고, 고정을 위해서

는 슬라이드를 완전히 말리고 한다. 덜 말라 있으면 몇 시간 동안 방치해서 다 말린 후 염색을 하면 장기간 보존이 가능해진다.

염색을 위해서는 흔히 Diff—Quik이 이용된다. 또한 다른 염색약으로 Giemsa나 Wrights도 이용될 수 있다

그림 5. 도말한 세포를 염색하는 모습

이것은 두 용액으로 구성되어있는데 적색은 호산구성 용액이고 청색은 호염기성을 위한 용액이다. 표본이 많지 않으

면 될 수 있는 한 작은 용기를 사용한다. 여러 개를 넣을 경우 염색 후 세포를 오염시키기 때문이다. 질도말을 얻기 위해서는 슬라이드를 각 용액에 침지 후 다른 용액에 옮길 경우 5~10분 동안 용액 밖에서 기다린다.그림 5.

적색이나 청색용액에 침지 후 세척은 필요 없으나 청색에서 적색으로 옮길 때는 너무 어둡거나 너무 밝게 나타날 수 있으므로 이럴 때는 많은 샘플을 넣지 않는다. 청색용액에 침지된 표본은 수돗물로 헹군 후 이용하면 쉽게 관찰을 할 수 있다. 커버 글라스를 사용할 때는 수분이 약간 남아 있을 때 덮어서 사용하면 샘플을 선명하게 볼 수 있다.그림 6.

그림 6. 슬라이드 글라스에 세포가 염색된 모습

11 개의 질 상피세포의 설명 및 사진

개의 정상적인 질도말에서 관찰된 세포의 대부분은 질 상피세포이다. 또한 여러 가지의 백혈구, 적혈구 및 세균도 관찰될 수 있다. 또한 오염된 소수의 다른 세포 및 미생물도 종종 관찰된다.

질 도말분석에서 상피세포는 크게 기본적으로 세 가지로 분류된다. 방기저세포 parabasal cell, 중간세포 intermediate cell 및 표재세포 superficial cell이다. 숙련된 사람이 아니면 정확히 이 세 가지의 범주를 가지고 논의하기 어려움으로 많은 실험이 중요하다.

❶ 방기저세포

방기저세포는 전형적으로 질 도말에서 볼 수 있는 가장 작은 상피세포이다그림 7. 이 세포는 둥글거나 혹은 거의 타원형에 가깝고 세포질에 비해 핵이 크다.

방기저세포는 발정휴지기와 무발정기 동안 얻어진 질 도말에서 널리 관찰되지만 발정전기에는 흔히 볼 수 없다. 또한 발정기 동안 뚜렷하게 보이지는 않는다.

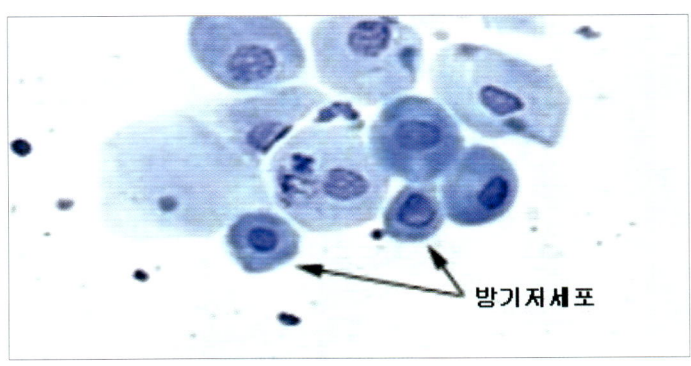

그림 7. 방기저세포의 사진

❷ 중간세포

중간세포는 크기와 형태에서 다양하지만 전형적으로 방기저세포의 두, 세배의 직경을 가지고 있다그림 8. 많은 세포학자들은 이들 세포를 더 세부적으로 분류를 하고 있다.

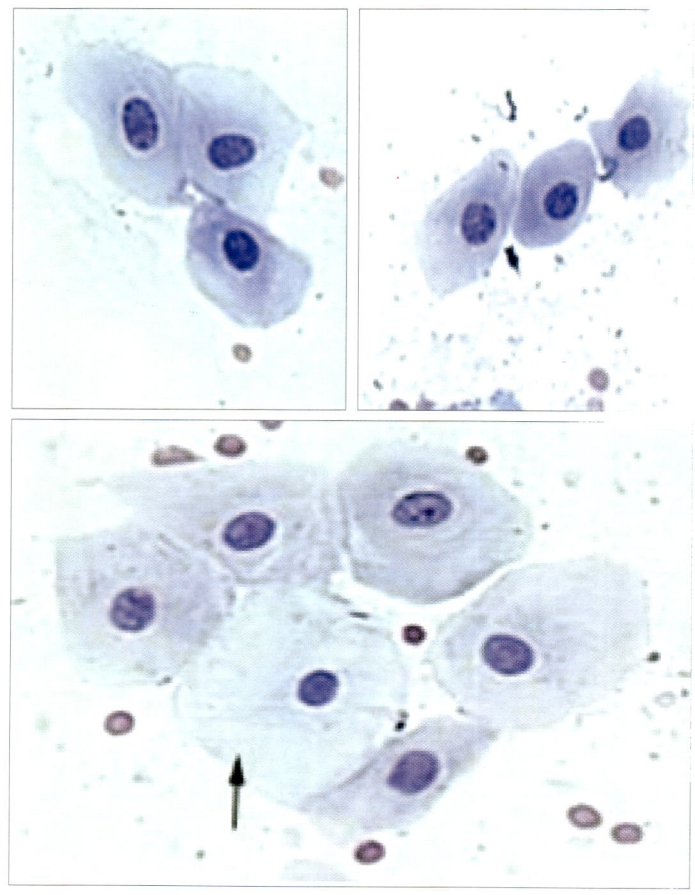

그림 8. 표재세포로의 발달을 위해 중간과정을 거치는 중간확실표 세포

Small intermediate : 거의 둥글거나 타원형으로 크다.

Large intermediate : 소핵을 지닌 다각형이다. 이들 세포의 모든 것은 화살표를 가진 1개의 세포를 제외하고는 전형적으로 중간세포이다. 그리고 이 세포는 표재세포_{작고 어두운 핵}로서 분류한다.

중간세포는 크기도 다양하고 외형이 둥근데 비하여 다른 세포는 다각형을 가지고 있다_{large intermediate}. 중간세포는 발정기를 제외하고 모든 기간 동안 널리 관찰된다.

❸ 표재세포

표재세포는 질도말에서 볼 수 있는 가장 큰 세포이다. 이 세포는 다각형을 가지고 명백하게 편평함을 나타내나 종종 둥근형을 나타낼 때도 있다_{그림 9}.

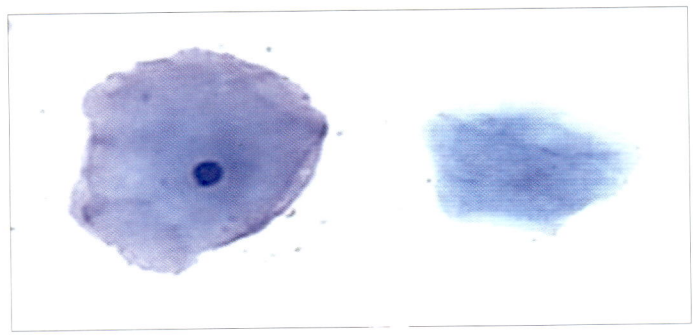

그림 9. 표재세포와 각질화되면서 핵이 붕괴된 세포 사진

이들 세포는 핵이 존재하지 않던지 아니면 통통하여 작고 어둡게 보인다. 핵이 없는 표재세포는 종종 완전 각질화세포로 간주한다.

표재세포는 완전 각질화세포로 보이게 되어 종종 큰 천이나 끈으로 보인다 그림 10. 표재세포는 무발정기에는 정상적으로 관찰되지 않고 발정전기 동안에 많이 관찰할 수 있다. 이들 세포의 수가 많이 보이든지 아니면 단지 이들만이 관찰되면 세포학적으로 발정기에 속해있다고 말할 수 있다.

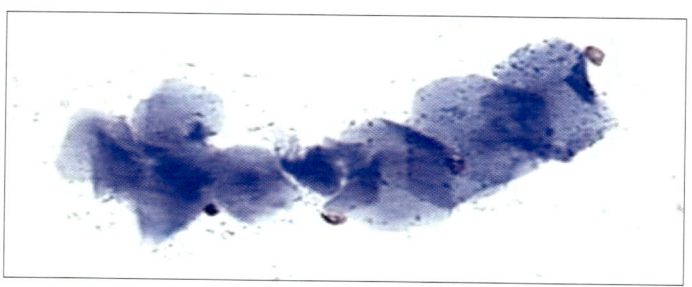

그림 10. 핵이 없는 각질화 된 표재세포

한편 이들이 없어지거나 급작스러운 수의 감소는 발정휴지기에 접어들고 있음을 암시한다.

❹ 이외 다른 세포들

질 상피세포를 제외하고 다음과 같은 세포들이 관찰되기도 한다.

- 적혈구세포는 발정전기 동안 많은 수로 관찰된다. 몇몇 개에서는 발정기나 심지어 초기 발정휴지기에도 관찰된다.
- 호중구성 백혈구세포는 종종 초기 발정휴지기 동안 질도말에서 많이 관찰된다 그림 11.

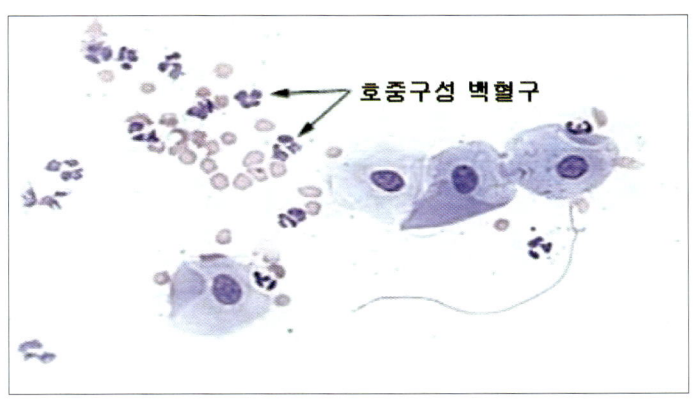

그림 11. 발정전기 질도말에서 얻은 백혈구, 적혈구 및 중간세포의 사진

- 포말세포 Foam cell는 발정휴지기 동안 전형적으로 볼 수 있

는 많은 공포를 가진 상피세포이다.
- 세균은 질도말에서 많은 수가 종종 관찰된다. 표재세포를 덮고 있는 작고 어두운 반점이 세균이다^{그림 12}.

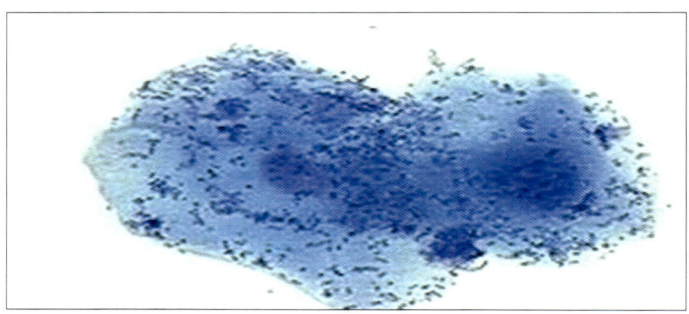

그림 12. 표재세포와 세균총

12 개의 발정주기를 통한 세포의 변화

 개의 발정주기의 단계는 성적행동과 생리적 징후(질팽창 및 출혈) 및 질의 세포학에 의해 정의 될 수 있다.

 수캐를 수용하는 기간은 개의 종류에 따라서 매우 다양하다. 몇 종의 개는 잠재적으로 수정기간 전·후에 잘 수용한다. 유사하게 발정전기에 출혈과 같은 징후는 종종 믿을 수 없는 결과를 가져오기도 한다. 몇 종의 개는 매우 작게 출혈을 하고 또 다른 어떤 개는 발정기나 발정휴지기를 통하여 출혈을 보이기도 한다. 그러므로 수정적기를 보려면 하나 이상의 방법으로 검사를 해야만 수태율을 높일 수 있다.

 세포학적인 변화는 발정주기의 내분비적 결과를 반영하는 것이다. 이들 변화는 수정시간을 예측하는데 매우 좋은 자료로 이용될 수 있다. 발정주기를 통한 세포학적인 변화는 에스트로겐 농도 변화를 반영하는 것이다.

에스트로겐의 농도는 발정전기에 증가하고, 황체호르몬의 배란 전에 극치와 함께 감소한다 그림 13. 에스트로겐의 농도가 높으면 발정기동안 질도말의 특성처럼 각질화를 유발할 수 있다. 배란은 LH의 극치가 일어난 후 2일째 일어난다.

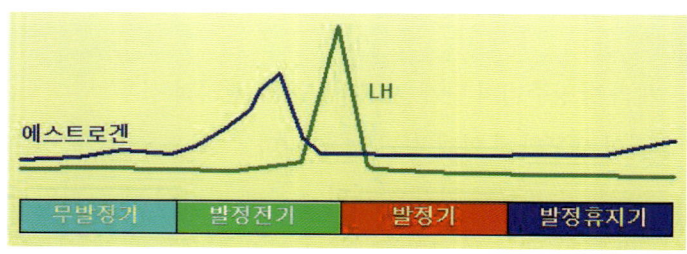

그림 13. 발정주기에 따른 호르몬의 변화

질도말 실험은 종종 유용한 정보를 제공하지만 작은 실수를 유발할 수 있다.

예를 들면 도말에서 발정전기와 발정휴지기를 종종 구별하는 것이 어렵다. 그러므로 많은 양의 질도말 실험을 해보는 것이 개의 발정주기 이해와 교배적기를 찾는데 매우 중요한 수단으로 이용할 수 있다.

❶ 발정전기 |Proestrus

발정전기에는 에스트로겐의 혈중농도가 올라가 자궁의 상피세포를 통하여 모세혈관 파괴나 적혈구의 누출로 유도될 뿐만 아니라 질의 상피세포가 증식하게 된다.

발정전기에서 말기까지 질도말 실험에서 방기저세포가 중간세포나 표재세포로 점차적으로 형태가 바뀌어 가는 것을 볼 수 있다. 전형적으로 적혈구 수가 많아지고 호중구성세포가 흔하게 관찰된다. 많은 수의 세균이 종종 존재한다^{그림 14}.

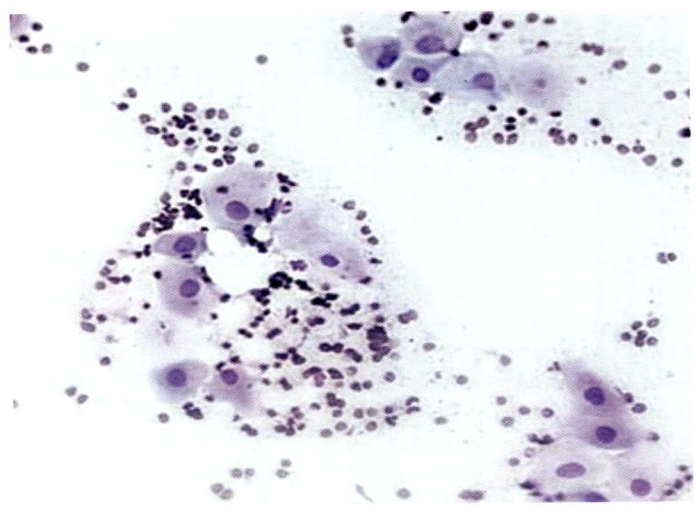

그림 14. 발정전기 질도말 사진

어떤 종류의 개에서는 발정전기가 2~3주 동안 지속되는 경우도 있다. 이러한 경우에 있어서 수용성이 지연되면 인공수정을 실시하는 것이 좋다.

❷ 발정기|Estrus

발정기에 세포의 특성은 표재세포가 대부분을 차지한다. 이 시기에는 거의 각질화세포를 거치게 되고 도말에서 세포는 거의 핵이 없는 표재세포로 구성된 단일 형태로 나타난다 그림 15.

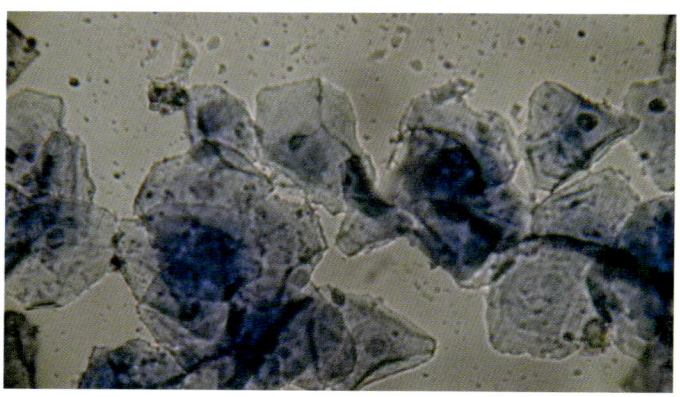

그림 15. 발정기 질도말 사진

만일 개가 질도말 준비의 날짜 내에 교배가 이루어져 왔다면 정자가 상피세포 사이에 관찰될 수 있다. 실제로 교배 몇 시간 내에 얻어진 질도말에서 정자의 세심한 실험은 확실히 믿을만한 수단이다. 그림 16에서 정자왼쪽와 정자두부오른쪽가 표재세포 사이에서 존재하는 것을 볼 수 있다.

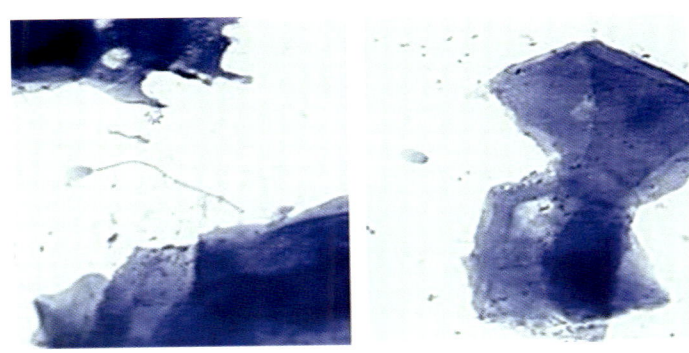

그림 16. 발정기 질도말에서 교배 후 정자가 관찰된 사진

❸ 발정휴지기 Diestrus

발정휴지기에 접어들면 표재세포의 수가 급격히 감소하고 중간세포와 표재세포가 다시 나타난다. 세포의 윤곽은 첫째 날에 20% 이하로 표재세포가 감소한다그림 17. 또한 발정기에 거의 보이지 않던 백혈구가 관찰되는 게 특징이다. 그러나 발정휴지기 2일째 되는 날에 발정휴지기기로 접어드는 확신을 가지는 것이 가장 좋다.

발정휴지기에 접어드는 것을 확인하는 중요성은 배란시간을 정확히 예견하는 것이고 임신 기간을 확신하는 것이다. 개는 발정휴지기배란기 LH 극치 5~7일에 접어들기 전 5~7일에 배란을 하고 임신기간은 발정휴지기가 접어들고부터 57일 정도이다.
　발정징후 기간은 다양하고 종종 세포학적으로 발정기 전후로 며칠 늘어난다. 임신기간은 수용성으로 접어든 후로부터 계산된다.

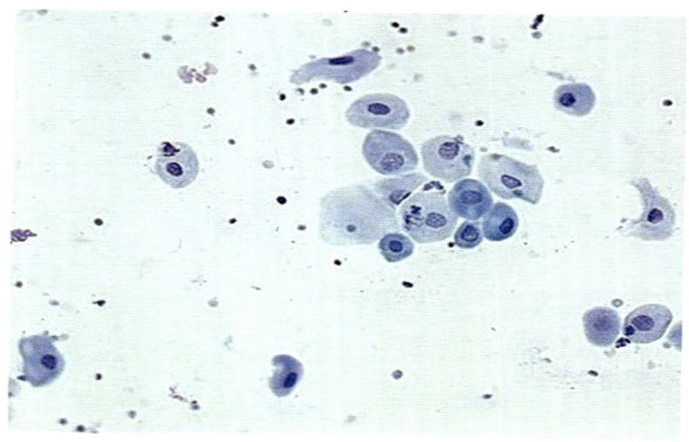

그림 17. 발정휴지기 질도말 사진

❹ 무발정기 |Anestrus

질도말에서 중간세포나 방기저세포들을 많이 볼 수 있는 기간은 무발정기 동안이다. 이들 세포는 일단 표재세포보다 크기에서 작고 대부분 둥근형태를 나타내며 세포 내에 큰 핵을 가지고 있는 것이 특징이다 그림 18.

표재세포가 없거나 매우 작은 수로 발견되고 호중구성 백혈구는 거의 발견되지 않는 시기이다.

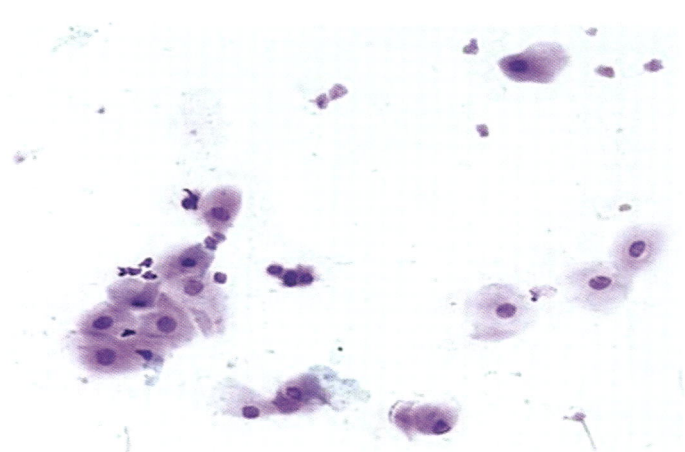

그림 18. 무발정기 질도말 사진

13 개의 정액채취

성견을 잘 선별하여 바닥에서 키우고 영양가가 높은 사료를 주는 등 사양에 심혈을 기울여 정액채취를 할 때는 많은 정자가 나오도록 해야 한다. 물론 비만을 방지하고 적당한 운동도 시켜주는 것을 잊지 말아야 한다.

자연 교배에 익숙한 수캐는 사람의 손에 길들여져 있지 않기 때문에 인공 마사지 방법에 의해 정액채취를 하는 방법으로 전환해주는 것이 필요하다. 먼저 개를 조용한 곳으로 데리고 가서 멸균된 장갑을 끼고 포피를 뒤로 완전히 탈거하여 음경이 나오도록 유도한다. 그리고 자연교배 시에 성교자물쇠 역할을 하는 귀두구 양쪽에 큰 구슬과 같은 것이 있는 부위를 마찰하여 발기를 유도하고 어느 정도 발기가 되면 첫 번째 사출 분획이

나오는데 이 액은 버리고 음경을 뒤로 돌려서 마사지를 하면서 두 번째 분획부터 정액채취통에 깨끗하게 정액을 받는다그림 19.

보통 중.대형견 사출액을 10분 정도 받으면 5~40ml 정도의 정액을 받을 수 있다. 사출된 정액은 뚜껑을 덮어 운반 시에 이물질이 들어가지 않게 조심스럽게 이동하고 원심분리기가 있는 실험실로 가능한 빨리 옮겨서 온도 충격을 받지 않게 하여야 한다. 특히 겨울철에는 정액채취통을 따뜻하게 한 후 보온이 될 수 있는 수건이나 다른 물질로 감싸서 이동을 한다.

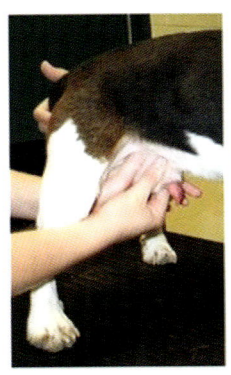
포피를 벗기는 모습

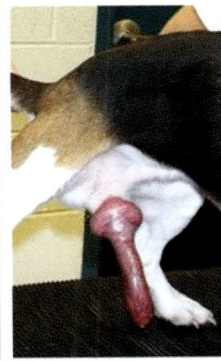
발기 후 귀두구가 부풀어 있는 모습

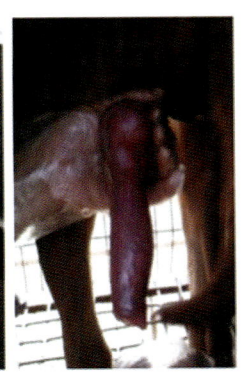
귀두구를 손으로 잡은 모습

그림 19. 정액채취를 위한 과정

14 개의 정액분석

원심분리를 위해 실험실그림 20로 가져온 정액은 현미경으로 정자수와 형태를 관찰한다그림 21. 현미경에서 100~200배로는 정자수를 관찰하고 400배로는 형태를 관찰한다.

정자수를 측정하는 것은 일반 농장에서 쉽게 할 수 있는 것이 아니다. 미래생명과학연구소에서는 정자수를 쉽게 측정할 수 있는 Makler counting chamber를 이용하여 해당 농장의 종견에 대하여 확인을 해주고 있다. 따라서 이것으로 종견의 가치를 추정할 수 있고 정액의 질이 나쁜 종견은 도태의 유무를 결정하는데 큰 도움이 된다.

국제학회에 보고된 논문에 의하면 1ml 당 4천에서 4억 마

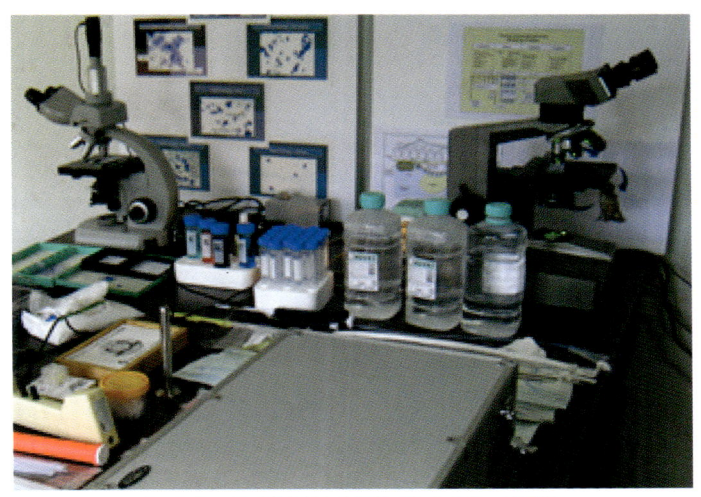
그림 20. 질도말, 정자분석 및 원심분리 등을 할 수 있는 실험실

리로 정자의 수를 보고하고 있으나 국내에서 사육되고 있는 종견들은 사양과 환경이 좋지 않은 탓에 중.대형견 1회 사출된 총 정자수가 40억 마리를 넘는 개체가 그리 많지 않았다. 그러므로 종견으로서 선별된 개는 사양 및 관리에 좀 더 신경을 써야할 것으로 사료된다.

정자의 운동성은 다른 동물과 달리 70% 이상의 운동성을 보인다. 60% 이하의 운동성과 400배에서 6개 이상의 백혈구

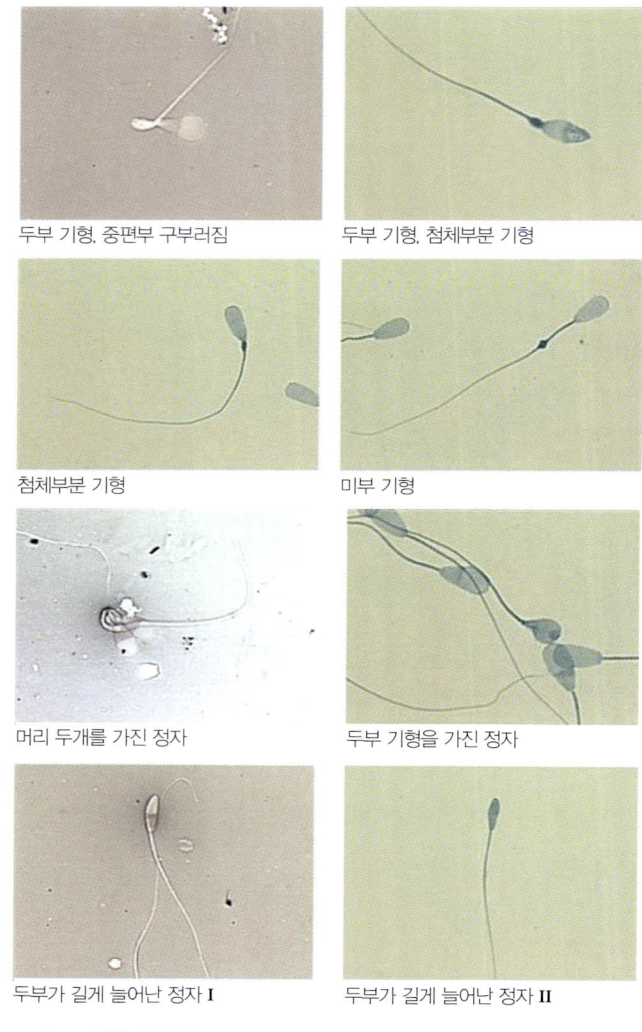

그림 21. 기형정자의 형태

가 관찰될 시에는 종견의 상태를 면밀히 관찰하는 것은 필수이다.

  종견은 종간의 특이성으로 사출된 정액량이 다양하게 나타났다. 또한 정액량이 많다고 해서 정자수가 많게 나오지는 않았다.

  사출된 정액과 원심분리 후 색깔만 보아도 어느 정도 정자가 나왔는지 가늠할 수가 있어서 유백색의 혼탁도가 높을수록 정자수가 많은 것을 관찰할 수 있었다.

15 개의 정액 원심분리

원심분리는 사출된 정액에 많이 산재해 있는 정자를 한곳으로 수집하기 위하여 실시하는 필수과정이다. 원심분리기는 그림 23과 같이 내부는 원심력을 이용하여 어떤 물질을 모을 수 있게 해놓았고, 외부는 사용자의 편리성을 도모하는 회전수, 시간 및 제어장치 등을 부착해 놓았다.

채취한 정액은 실험실로 옮겨 원심분리관에 5ml 정도로 분주하여 원심분리기에 넣고 1,500 rpm으로 5~10분 정도 원심분리한다 그림 22.

원심분리 후 관의 바닥에 남은 펠릿만 남겨두고 상층액은 제거한다. 여기에다가 MRC-AI 배양액을 5ml 정도 첨가하여 희석한 후 하나의 관으로 수집한다.

특히, 개의 정자는 원심분리에 약하여 회전수를 높게 하면 치사율이 높아짐으로 주의해야 한다.

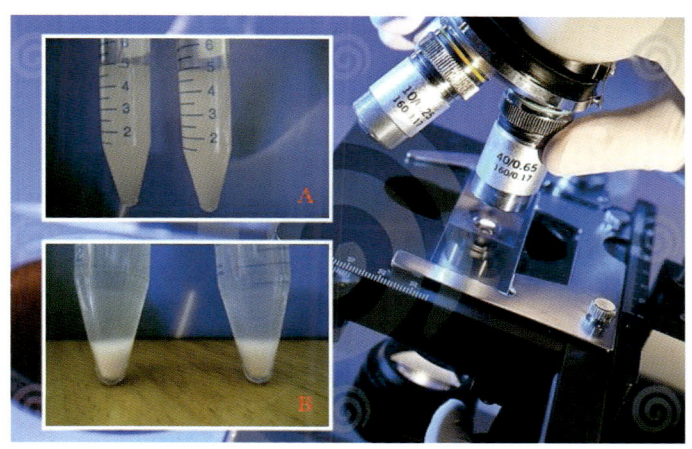

그림 22. 원심분리의 전A과 후B의 사진

만일 1일용으로 사용하지 않고 냉장보관을 하려면 원심분리 후 MRC-extender 배양액을 3ml 정도 첨가하여 희석한다. 너무 적거나 너무 많은 양을 첨가하면 후에 인공수정 시술 시에 정자의 생존율에 영향을 미칠 수 있다. 또한 원심분리 과정에서 이물질이나 여러 가지 다른 요소가 정자를 죽게 하는 경우도 있으므로 원심분리 과정마다 현미경으로 정자의 상태를 관찰하는 습관을 길러야 한다.

  이 때 주의해야 할 사항은 배양액에 서술하였듯이 모든 배양액은 사용 전 정자가 온도충격을 받지 않게 30~35℃ 정도에 데운 후 사용해야하는 것을 명심해야 한다. 이것은 수태율과 직결되기 때문이다.

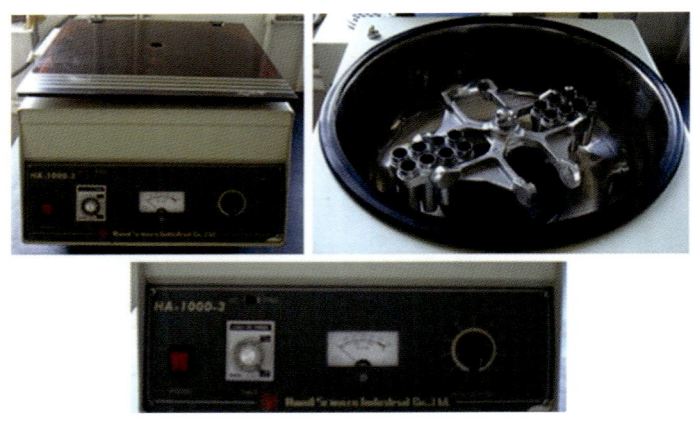

그림 23. 회전수 및 시간을 세팅할 수 있는 원심분리기 사진

 16 개의 인공수정

 인공수정은 뜻이 내포하고 있듯이 자연교배를 배제하고 인공적으로 수정을 실시하는 과정이므로 정자수집부터 인공수정까지 매 과정마다 오염이 되지 않게 하는 것이 수태율을 높이는데 결정적인 역할을 한다.

 다른 동물과는 달리 암캐의 생식기는 약간 굴곡이 있다. 그래서 인공수정이 어렵다. 그러나 배란기에는 자궁경이 열려서 미경산 개에서는 복부에서 인공수정 카데터를 촉진하여 진입이 어려울 수 있으나 경산 개에서는 촉진이 조금 더 쉬워 자궁까지 진입하면 수태율을 높일 수 있다.

 인공수정을 실시할 때 정자를 질에 주입하는 것보다는 자궁 내에 하는 것이 유리함으로 카데터를 자궁경이나 자궁 내에 진입한 것을 촉진할 수 있게 손의 감각을 익히는 것이 필요하다 그림 24~25.

미래생명과학연구소는 중·대형견에 인공수정을 실시할 때 MRC-AI 배양액 2~3ml에 1.5억~2억 마리 정자를 가지고 인공수정을 실시하였을 때 70% 이상의 수태율을 보였다. 그러나 수태율이 낮거나 산자수가 적은 것은 수정 적기를 잘 맞추지 못하여 발생한 것으로 추정된다. 육견에서는 사양시스템과 여러 가지 요인으로 인해 아직 좋은 결과를 거두지 못하고 있다. 원인을 추적 중에 있으므로 조만간 좋은 결과물이 나올 것으로 기대된다.

한편, 사출된 정자를 가지고 당일에 인공수정을 할 때는 수태율이 정상적으로 나오나 냉장보관된 정액을 사용할 시에는 매일 정자의 생존율이 줄어들어서 냉장기간이 늘어날수록 정액량 정자수을 늘려서 주입하여야 수태율을 높일 수 있다.

인공수정은 자연교배가 어려운 종을 선별하여 육종을 하는데 용이하게 이용될 수 있다. 그림 26은 하운드 암컷 종에 핏불 수컷 종을 인공수정하여 얻은 산자들이다.

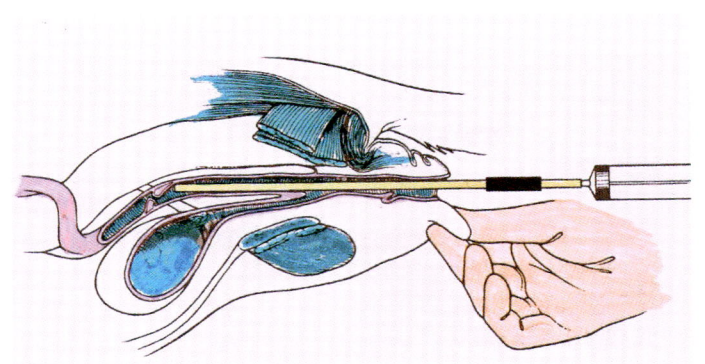
그림 24. 카데터로 정자가 주입되는 곳을 나타내는 그림

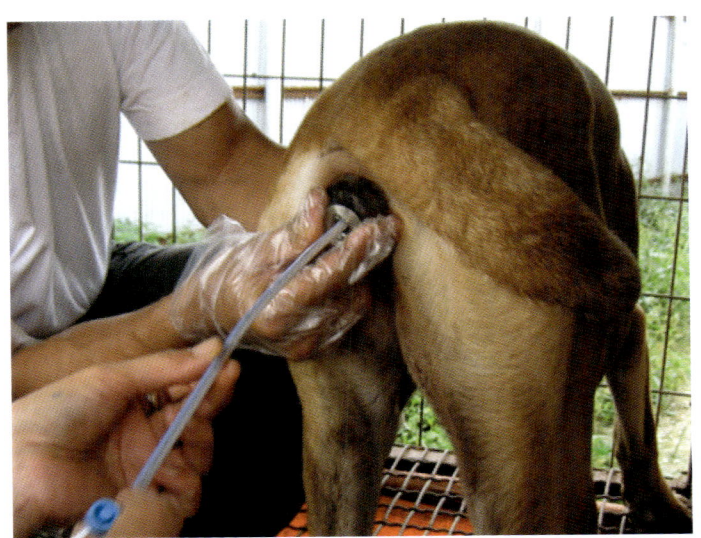
그림 25. 인공수정 시술장면

시술과정

1. 두 사람이 시술을 하는 것이 용이한데 한명은 개를 통제하고 다른 한명은 인공수정 시술을 실시한다,
2. 수정할 모견은 안정을 시킨 후 움직이지 않게 보정을 하고 질에다 질경을 장착한다.
3. 카데터를 질경을 통해 질 내로 서서히 진입하면서 복부에서 자궁경을 촉진하고 자궁 내로 카데터가 진입한 것이 감지되면 인공수정 시술자는 정액이 장착된 주사기로 서서히 주입하고, 주사기를 빼서 다시 주입구에 공기를 넣어 카데터 내에 남은 정자를 넣어준다.

    배란기가 되면 자궁경관의 크기가 커져서 입구까지 진입 후 카데터를 돌려서 조금씩 진입해보면 쑥 들어가는 느낌이 있는데 이때까지 주입하여야 한다. 복부에서 카데터가 자궁경으로 진입하는 것을 촉진할 수 있게 숙달하는 것이 중요하다. 자궁내로 카데터 진입이 어려운 경우에는 자궁경 입구에다가 인공수정을 실시한다.
4. 정액 주입 후 질벽을 손가락으로 몇 분 주물러준다. 이것은 질의 수축을 유발하여 자궁내로 정액의 이동을 촉진한다. 그리고 개의 후구를 5-10분 동안 들어준다. 복부는 압박하지 말고 보다 낮은 뒤쪽의 다리를 잡아서 올려준

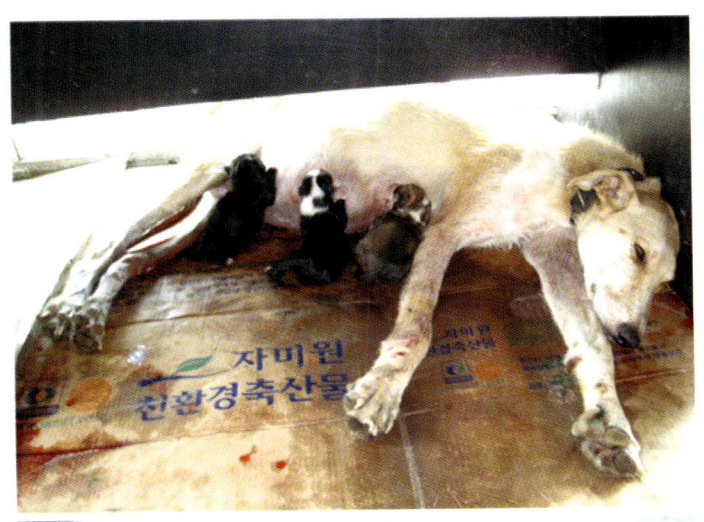

그림 26. 인공수정 시술 후 태어난 후 모견이 포유상하고 있는 모습과 자견들하.
모견 하운드에 중견 핏불을 인공수정하여 태어남

다. 몸을 웅크리지 않게 하고 시술이 끝나면 주위를 돌아다니는 것은 허용하되 30-60분 동안 점프 등의 과격한 운동을 하지 않게 한다.
5. 소형견을 수정할 때는 중.대형과는 달리 정자수를 1~2ml에 1억 마리 정도의 정자를 주입해도 된다.

17 미래생명과학연구소의 배양액

배양액은 인공수정에 가장 중요한 부분을 차지한다.
본 연구소에서 개발된 배양액은 그림 27과 같다.

▶ MRC—AI 배양액은 두 번째 분획에서 회수한 정액의 양이 많을 때 이것을 섞어서 원심분리하거나 정액을 세척할 때 사용하면 정자도 깨끗해지고 소모되는 정자수도 줄일 수 있다. 배양액에는 정자가 생존하는데 도움을 주는 영양소와 항생제가 첨가되어 있어서 외부로부터 오염을 줄이고 단시간 자생할 수 있는 영양을 공급해 준다.
▶ MRC—Extender 배양액은 정자와 섞어서 5일 동안 냉장보관해도 70% 이상의 정자생존율을 보여서 발정이 동시

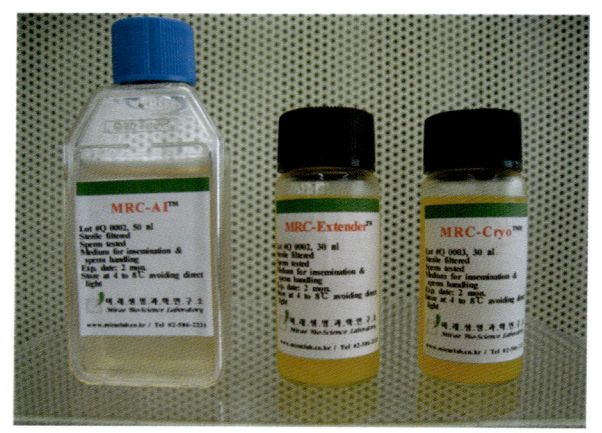

그림 27. 정자세척과 인공수정용으로 사용되는 배양액MRC-AI, 냉장보관용 배양액MRC-Extender 및 동결용 배양액MRC-Cryo

에 여러 마리가 올 때 매우 유리하다.

▶ MRC-Cryo 배양액은 동결 시에 정자와 섞어서 사용하면 정자의 손상을 줄이고 액체질소에 보관 후 해동 시에 최소한 70% 이상의 생존율을 보인다.

■ 주의사항

냉장보관된 배양액은 정자에 직접 주입하여 희석하면 온도 충격으로 정자가 죽게된다. 따라서 사용하기 전에 반드시 30~35℃ 정도에 따뜻하게 데운 후 사용하여야 한다.

인공수정 사례 1

수태율 80% 이상
자연교배 어려운 품종 번식에 강력 추천

20여년 넘게 특수견의 육종을 해온 저로서는 이번에 미래생명과학 연구소가 개발한 인공수정 기기들에 대하여 찬사를 보냅니다. 무엇보다 지금까지 저희 농장을 찾아와서 시도한 다른 세트보다는 한발 앞선 연구를 하였다는 것을 여실히 느낄 수가 있습니다.

수정용 카데터도 사용이 용이하고 이것만으로 인공수정이 가끔씩 어려울 때도 있습니다. 그런데 잘 고안된 개질경은 일반 초보자도 쉽게 사용을 할 수 있어서 매우 유용한 세트라 생각됩니다.

저희 켄넬클럽에서는 질도말을 하여서 수정적기를 확인한 후 인공수정 세트를 이용하였을 경우 80% 이상의 수태율을 얻었습니다.

따라서 기존의 외음부 관찰과 질도말을 병행하여 수정적기만 잘 맞출 수 있다면 산업화까지도 고려해 볼 수 있는 인공수정 세트이고 자연교배가 어려운 품종의 번식에 강력히 추천하는 바입니다.

스틸농장 대표 우성준

인공수정 사례 2

미래생명과학연구소가 개발한 인공수정용 기기
종견관리도 쉽고 경제적으로 큰 이득

어느 종이나 마찬가지이겠지만 종견을 기르고 관리하는 것은 매우 힘든 일이라는 생각이 듭니다. 또한 종견 값이 어마하여 일반 농장에서는 쉽게 바꿀 수 있는 게 아닌데 미래생명과학연구소에서 개발한 인공수정용 기기를 이용하면 큰 이득을 볼 수 있다고 확신합니다.

특히 여름에는 농장의 견주들이 교배를 시키려면 종견과 씨름하느라 무더위로 너무 지치는데 이 기기세트를 이용하면 그 일도 수월해지고 번식도 쉽게 할 수 있는 일석이조가 아닐까 생각해 봅니다.

지금 당장은 이 기기세트를 이용해서 큰 이득을 보는 것은 아니지만 하나씩 해결해 나가는 중이고, 미래생명과학연구소가 그 결과들을 끌어올리기 위하여 열심히 노력하고 있으니 머지않아 그 실마리를 찾아서 보다 좋은 결과물이 나오리라 믿어봅니다.

무환농장 대표 강병혁

● 용어설명

각질화 개의 생식기의 세포가 퇴화가 진행되면서 고유의 형태를 벗어나 서로 모여 층을 이루거나 여러 형태로 되고 그 끝이 뾰족하게 돼서 각을 이루는 현상

감수분열 생식세포인 정자나 난자가 형성될 때 일어나는 특수한 세포분열. 체세포와는 달리 염색체 수가 반으로(2n→n)으로 줄어든다. 감수분열 과정은 체세포분열 과정과 같은 단계(전기→중기→후기→말기)를 거치나, 체세포분열과 달리 두 번 연속해서 분열(제1분열, 제2분열)하여 염색체수가 체세포의 반으로 줄어들고 4개의 딸세포가 형성된다. 제 1분열을 이형분열, 제2분열을 동형분열이라고 한다.

이형분열은 염색체수가 반으로(2n→n) 줄어든다. 유전물질의 양은 간기에 2배로 늘어났다가, 후기에 다시 반이 되어 원래의 양이 된다. 간기 때에 DNA가 복제되어 유전물질의 양이 2배가 되고 전기에는 염색사가 염색체로 변하고 상동염색체 한 쌍이 접합하여 2가염색체를 형성한다. 중기에는 2가염색체가 적도판에 배열되고 양극에서 방추사가 나와 2가염색체에 붙게 된다. 후기에는 2가염색체가 갈라져 양극으로 이동해서 염색체수가 반으로 줄어든다. 말기에는 핵막이 형성되고 세포질이 분열하여 2개의 딸세포가 만들어진다. 이때 양극으로 끌려 염색체는 풀어지지 않고 이어서 제2분열이 시작된다.

동형분열은 염색체수의 변화가 없다. DNA가 복제되어 유전물질이 2배가 되는 간기가 없어서 분열 후에 유전물질의 양이 원래 모세포의 반으로 줄어든다. 제1분열의 말기가 제2분열의 전기에 해당된다. 중기에는 염색체가 적도판에 배열되고 후기에는 염색체가 분리되어 양극으로 이동하고 말기에는 4개의 염색체수 n인 딸세포가 형성된다.

그라아프 난포 난소 내에 있는 난포가 발달하여 배란 직전의 성숙된 형태로 있는 것을 말함.

극치|surge 호르몬이 최고조에 달하는 지점.

귀두구 개의 교배 시 성교자물쇠 역할을 하는 성기 뒤쪽에 돌출한 둥근 형태를 가진 조직.

난자 배아를 말하며 염색체수 n을 가진 암컷 생식세포.

난관 배란이 되면 난자를 받아들이는 곳이고 난자는 난관 상부에 있는 팽대부에서 정자를 기다리다가 정자를 만나면 초기 배아는 이곳에서 분할을 하고 만나지 못하면 흡수되어 소실된다.

난모세포 동물의 난소형성 시기 중 난소 내의 분열을 정지하고 성장기에 들어간 세포로 난자의 근원이 되는 세포. 성장기의 난원세포는 핵과 세포질이 급격히 증가하여 제1차 난모세포가 되어 제1감수분열을 시작한다. 이 시기에 발생프로그램의 개시와 초기발생에 필요한 단백질을 합성하기 위한 mRNA 등이 축적된다. 이어 호르몬의 외적자극에 의해 제1감수분열이 재개되어 염색체가 응집이 일어나고 핵막이 소실된다.

제1감수분열이 끝날 무렵 세포질은 비대칭으로 분할하고 제1차 난모세포의 세포질의 대부분은 제2차 난모세포로 되고 나머지는 제1극체로 방출된다. 제2감수분열에 의해 염색체가 분리되면 제2차 난모세포의 세포질이 다시 분할하여 성숙한 난이 되고 나머지는 제2극체로 방출된다. 척추동물의 대부분 난모세포는 제2감수분열 중기에서 정지해 있다가 정자와 만나 수정이 이루어지면 감수분열이 완료되고 난할은 지속된다.

난자성숙 난포 내에서 있는 난자는 FSH와 LH의 협동으로 난자는 성숙하고 후에 배란을 거치게 되면 난포에서 탈출한다.

난포 난자의 외부를 둘러싸고 있는 막.

도말 어떤 표본을 관찰이 용이하게 하기 위해서 골고루 펴놓은 것.

릴랙신 임신 중 황체, 태반, 자궁 등에서 분비되는 호르몬이다. 임신기간 동안 내내 증가하고 치골결합을 느슨하게 해서 출산 때 자궁과 질을 넓혀주는 역할을 하여 태아의 배출을 도와주는 기능을 가지고 있다. 또한 많은 다른 호르몬과 조합을 하여서 유선의 기능적인 발달을 촉진하기도 한다. 임신 초기에 LH의 자극으로 이 호르몬은 분비가 시작된다. 임신 후기에는 태반 호르몬인 HCG가 더 많이 분비에 관여하는 것으로 알려지고 있다. 출산이 되면 태반도 배출되고 임신황체도 퇴화가 됨으로서 이 호르몬의 분비가 멈추게 된다.

발정주기 성숙한 암컷의 생식주기로 발정과 발정 사이에 전반부는 난자가 성숙하는 기간이고 후반부는 황체가 형성되는 기간이다. 따라서 난자가 배란이 일어나는 일정시기에만 번식이 가능하다.

방사선면역측정법Radioimmunoassay, RIA 항원 혹은 항체의 존재여부와 양을 알아보는 아주 민감한 방법이다. 항원을 정량할 때는 항체와 방사성물질로 표시된 항원을 표본에 넣은 후 항원만 존재하는 분획과 항원과 항체가 결합되어 있는 분획을 분리해 내어 각각의 방사능을 측정하여 표본의 항원량을 알아낸다. 즉, 표본 항원의 양은 항원만 존재하는 분획의 방사능과는 비례관계에 있고, 항원—항체 분획과는 반비례관계에 있으므로 이들의 관계로 표본의 항원의 양을 계산해 낼 수 있다. 이런 방법은 여러 가지 면에서 장점도 있으나 방사능에 폭로된다는 단점이 있어 요즘은 효소면역측정법을 많이 사용한다.

배란 호르몬의 영향으로 난포 내에 있던 난자가 성숙을 하여서 수정을 위해 난포 밖으로 배출되는 상태.

배반포 배아의 난할 중에 마지막 단계로 포배강이 생겨서 내부는 액체로 충만하게 되고 착상을 위해 후에 세포가 투명대막을 헤집고 나가서 부화가 된다.

백혈구 백혈구는 혈액에서 적혈구를 제외한 나머지 세포들을 말한다. 백혈구는 혈액을 원심분리할 때 혈장층과 혈구층 사이에 흰색의 층을 형성하며, 이 층의 색이 희기 때문에 백혈구라고 부른다. 백혈구는 외부로부터 침입하는 박테리아, 바이러스, 기타 이물질을 탐식 제거한다.

백혈구는 과립백혈구와 무과립백혈구로 구분하고 과립백혈구가 2배 크다.

과립백혈구는 호중성구, 호산성구 및 호염기성구가 있고 무과립백혈구는 단핵구, 림프구가 있다. 백혈구는 혈중에만 있는 것이 아니고 체내 백혈구는 상당수가 간질액과 골수에도 있다. 호중성구는 식작용이 가장 왕성하며, 세균이 침입 시에는 골수는 세균의 독에 자극을 받아서 수시간 내에 많은 수의 혈구를 생산하여 혈중으로 유입시킨다. 호중성구는 급성염증의 주역이며 1개가 수개의 박테리아를 탐식할 수 있다.

호산성구는 항원항체반응에 관계하며 해독작용이 강하고 체내에 기생충이나 알레르기 반응 때에 증가한다. 호염기성구는 강력한 항응고제인 헤파린을 함유하고 있어서 혈액응고를 방지하는 기능을 한다. 단핵구는 여러 기관에 많이 분포하며, 백혈구 중에 가장 큰 형태로 존재하고 탐식성이 강하며 만성염증이나 결핵성에 특이하게 더 증가한다.

사출액 생식기나 생식도관의 액체가 사정을 하여 밖으로 나온 물질.

산전진단 출생전 태아의 의학적인 상태를 검사하는 것을 말한다. 산전 진단의 목적은 세상에 태어난 우리가 질병에 걸릴 경우 그 질병을 치료하고자 하듯이, 출산 전 태아의 이상 유무를 확인하고 치료하여 건강한 아이가 출생하도록 하기 위해 산전진단 의술이 개발되었다. 진단의 목적이 치료에 있듯이, 산전 진단 역시 치료라는 의학적 동기에서 출발 하였다.

상실배 배아의 난할 중 세포들이 분할을 많이 해서 세포간 조밀한 상태로 모여 있는 배아발달 단계로 세포가 여러 개로 뭉쳐서 마치 오디처럼 생겼다고 해서 붙여진 이름.

상피세포 동물의 몸을 형성하고 있는 조직 중 상피조직을 이루는 세포들로서 밀착연결 에 의해 세포막이 두 면으로 나누어지는데 꼭지면 막과 기저측면 막이 그것들이다. 상피세포는 내부를 보호하기 위해 세포간 물질이 적고 세포가 촘촘하게 늘어서 있다. 피부나 손톱, 발톱, 털 등도 상피세포들로 이루어져 우리 몸을 보호하고 있다. 상피세포는 또한 감각을 느끼는 역할도 한다.

코에 있는 후각세포, 혀에 있는 미각세포, 눈의 망막 모두 상피세포이다. 호르몬을 분비하는 내분비선이나 소화액을 분비하는 외분비선과 같이 우리 몸의 활동에 필요한 액체를 분비하는 상피세포들도 있고 소화기관들의 내면에 있는 상피세포들은 흡수의 역할을 하기도 한다.

소장에 있는 상피세포는 소장을 지나가는 양분을 흡수하는 역할을 하는데, 표면적을 넓혀 더 많은 양분을 흡수할 수 있도록 융털이 나 있기도 하다. 대장의 내면에 있는 상피세포는 물을 흡수하는 역할을 한다. 그 밖에 수송이나 생식의 역할을 하는 상피세포도 있다. 상피세포는 한 층 또는 여러 층으로 서로 밀착되어 있으며 이들 세포가 모여 상피조직을 이룬다.

수정 난자와 정자가 만나 접합자가 된 상태.

원심분리 원심력을 이용하여 어떤 물질을 분리하는 것을 말하며 이것을 이용할 목적으로 만든 기기를 원심분리기라 말한다.

유백색 우유 색깔과 같이 은은한 백색.

양치상화 동물의 배란기 때가 되면 정자가 헤엄을 쳐서 상단부위로 가서 수정을 하기 쉽게 자궁경관의 점액이 마치 양치식물인 고사리와 같이 변화되는 형태.

적혈구 적혈구는 가운데가 패인 원반 모양을 한 붉은 색의 혈액 세포이다. 적혈구는 산소 운반을 위해 특화된 세포로, 세포핵이 없으며, 고도의 산소 보유능을 가진 헤모글로빈이라는 단백질을 포함하고 있다. 그러므로 한 개의 적혈구는 여러개의 산소 분자를 운반할 수 있다. 이 헤모글로빈의 붉은 색이 적혈구가 붉은 색을 띠는 원인이 된다. 또한 헤모글로빈은 적혈구 건조 중량의 약 95%를 차지한다. 적혈구는 혈액의 혈구 세포 중 가장 많은 수를 차지하며 포유류에서는 적혈구의 양면이 오목한 쌍요면체형으로 되어 있어 좁은 모세혈관을 비교적 쉽게 통과할 수 있다. 또한 적혈구는 포도당을 에너지원으로 사용한다.

전도성 전기가 흐르는 정도. 물질내부에 있는 전하 중의 일부가 외부적으로 전기장이 걸렸을 때 자유롭게 움직일 수 있는 성질이다.

자궁경 질과 자궁을 연결해 주는 작은 관. 발정기에는 관이 커지고 정자가 수정을 위하여 상위 생식도관으로 올라가기 쉽게 물질과 조직이 변화하고 임신 시에는 태아가 유산이 되지 않게 해주는 역할을 한다.

첨체 정자의 형태 중에 두부의 선단에 위치한 부분.

초음파 사람의 귀가 들을 수 있는 음파의 주파수는 일반적으로 16Hz~20kHz의 범위다. 주파수가 20kHz를 넘는 음파를 초음파라고 한다. 우리 생활 속에는 초음파를 이용하여 만든 기기들을 볼 수 있다. 대표적인 게 초음파세적이다. 물속에서 초음파를 발생시키면 음파의 진동에 의해 수많은 거품들이 발생한다. 이때 거품이 진공청소기 같은 역할을 해서 물체 표면에 붙어 있는 이물질을 떼어낸다. 또한 음파가 1초에 수만 번 물을 진동시키기 때문에 마치 빨랫방망이로 두드려서 세탁하는 효과를 나타내기도 한다.

모기 같은 해충의 퇴치에 이용한다. 사람의 피를 빠는 모기의 암컷은 여름철 알을 낳을 때가 되면 수컷 모기를 피한다. 그러므로 수컷 모기가 내는 초음파를 방안에서 발생시키면 암컷 모기가 접근하지 않는다. 임신했을 때 태아의 형상을 보기 위해서도 초음파를 사용한다. 초음파를 복부에 발생시키고 태아로부터 반사되어 온 음파를 분석하여 아기의 모습을 영상으로 보여준다. 또한 건축물의 안정성이나 수명 등을 조사할 때 초음파를 이용해 비파괴검사를 한다.

총정자수 사출된 정액에 포함되어 있는 모든 정자.

테스토스테론 정소에서 분비되는 남성 호르몬이다. 스테로이드계의 웅성 호르몬 중 가장 강한 작용을 나타내는 화합물로서 소, 말, 돼지 등의 정소에서 추출되는데, 콜레스테롤에서 화학적으로 합성되어 의약품으로 사용된다.

작용은 음경, 음낭, 전립선, 정낭 등의 발달을 촉진하고 근육이나 뼈의 성장, 체모나 수염 등의 발생, 변성 등 수컷의 2차 성징을 촉진한다. 정소에 있어서 정자형성은 뇌하수체 전엽에서 분비된 난포자극 호르몬인 FSH와 테스토스테론의 자극에 의해 이루어진다.

프로게스테론 주로 동물의 난소 안에 있는 황체에서 분비되어 생식주기에 영향을 주는 여성호르몬. 프로게스테론은 처음 포유류에만 존재한다고 생각되었으나 현재에는 다른 동물에게서도 발견되었다. 벤젠 고리를 가지고 있는 스테로이드 호르몬이기 때문에 화학적으로 매우 안정되어 있다. 성인 여성에게서는 난소에 있는 황체에서 분비되지만 임신 중인 여성의 태반에서 분비되기도 한다.

프로게스테론의 주된 역할은 에스트로겐과 함께 생식주기를 조절하는 것이다. 생식주기를 조절함으로써 여성의 몸, 특히 자궁벽을 임신에 맞추어 변화시키며 임신하게 되면 분만까지 임신을 유지하는 역할을 맡는다. 프로게스테론은 뇌하수체에서 분비되는 황체형성호르몬에 의해 조절된다. 황체형성호르몬에 의해 난포에서 배란이 끝나 황체가 형성되면 여기서 프로게스테론이 분비된다.

프로게스테론이 자궁벽에 작용하면 두께가 두꺼워져서 수정이 되었을 경우 수정란이 착상되기 좋은 환경으로 만든다. 또한 프로게스테론은 에스트로겐을 억제하여 생식의 주기가 다시 처음 단계로 돌아가도록 한다.

만일 임신이 되면 황체가 계속 존재하여 프로게스테론을 분비함으로써 임신이 계속 유지되며, 이후 황체가 없어져도 태반이 프로게스테론을 분비한다. 이외에도 가슴 쪽의 세포에서는 젖이 나오는 데 관여한다. 체온상승, 혈당조절, 체지방감소, 이뇨작용에도 영향을 주는 것으로 알려져 있다.

프롤락틴 뇌하수체 전엽에서 분비되는 호르몬이다. 유즙분비에 관여함으로써 비유 호르몬 또는 황체호르몬이라고도 한다. 생리작용으로 임신 중에는 스테로이드 호르몬에 의하여 충분히 증식된 유선에 작용하여 유즙을 생산하거나 분비시키는데, 사람의 경우에는 분만 후 2~3주간이 최고치에 달하여 요중에서 뚜렷이 검출된다. 이 밖에 비임신 중에는 생리주기 후반에 황체유지에 작용한다. 생성은 시상하부에서 분비되는 프롤락틴 분비 촉진인자와 분비 억제인자에 의하여 조절되며, 이 밖에 갑상선자극 호르몬도 이에 관여한다. 분만 후 생리적 유즙분비가 아닌 평상시에 유즙누출이 지속될 때는 프롤락틴 생성조절 기능장해를 일으키는 뇌하수체나 갑상선 질환이 진행되는 것을 의심해야 한다.

<u>포피</u> 개의 음경을 둘러싸고 있는 피부조직.

<u>화학발광법</u> 일산화질소와 오존을 반응시켜 이산화질소의 흡수된 파장에 의해 화학발광을 일으켜 발광강도를 이용하여 일산화질소, 이산화질소, 질소산화물을 측정하고, NH3—NO Converter를 이용하여 NH3를 NO로 변환시킨 후 일산화질소와 오존을 반응시켜 흡수된 파장에 의해 화학발광을 일으켜 발광강도를 이용하여 암모니아를 측정하는 방법이다.

<u>혼탁도</u> 어떤 부유미립자가 물질에 녹아 있는 정도.

<u>효소면역측정법 ELISA</u> 단백질의 양을 결정하는 방법으로 항원 항체 반응에 의해서 단백질을 잡아내는 방법이다. 다양한 항원은 각각 고유의 모양을 가지고 있는데 항원 고유의 모양을 각각 잡아내는 항체가 있어서 원하는 단백질의 양을 알아내기 위해 원하는 항체를 가지고 원하는 항원을 잡아내

는 것이다

황체 배란이 일어난 난포 자리에는 황체가 되기 위해 프로게스테론이 들어차게 되고 이것은 백체로 돼서 소실되고 발정주기를 재기하게 된다. 만일 임신을 하게 되면 이것은 임신황체가 돼서 임신을 지속하는 기능을 가지게 된다.

Androstenedione 남성호르몬과 여성호르몬의 전구물질이다. 이 같은 몇 종류의 호르몬은 혈장으로 분비되기도 하고 주위 조직 내에서 테스토스테론이나 에스트로겐으로 변환되기도 한다.

FSH난포자극호르몬 여성호르몬에스트로겐의 분비를 촉진하는 호르몬으로 우리 뇌의 뇌하수체라는 기관에서 분비되는 호르몬이다. 혈액 속에 여성호르몬 농도가 낮아지면 이것은 곧 뇌하수체에서 난포자극호르몬을 분비하여 난소에서 여성호르몬을 만들도록 명령을 한다. 난소기능이 떨어지면 여성호르몬을 잘 만들지 못하기 때문에 혈액 속에 여성호르몬 농도가 떨어져 생식기능이 급격히 저하된다.

Estradiol—17β 난소 호르몬의 일종으로 난소에 있는 난포가 커지면 그 내부에 있는 난자는 성숙하고 이 호르몬으로 채워진다. 성숙한 난포 또는 태반 등으로부터 분비되며, 발정호르몬으로 여성생식기, 자궁내막 등에 작용하여 배란, 수정, 임신유지 등에 관여한다.

LH황체형성호르몬 동물의 뇌하수체 전엽에서 분비되는 성호르몬. FSH와 함께 공동작용으로 난자의 성숙을 돕고 후에는 그 농도가 최고치로 도달하게 되어 배란을 촉진하는 역할을 갖게 된다. 황체를 자극해서 에스트로겐과 프로게스테론 분비를 일으킨다. 이러한 방식으로 황체형성호르몬은 생식주기를 조절하는 데 큰 역할을 맡고 있다. 남성에게서는 정소에 있는 세포를 자극하여 테스토스테론 분비를 자극한다. 이와 같이 황체형성호르몬이 처음 알려졌을 때는 황체를 형성하는 기능만이 발견되었으나 근래는 남성의 성호르몬 분비에도 깊게 관여하고 있는 것으로 알려져 있다.